BIBLIOTHÈQUE D'HORTICULTURE

(ENCYCLOPÉDIE HORTICOLE)

PUBLIÉE SOUS LA DIRECTION DE

M. LE Dr F. HEIM

Professeur agrégé d'Histoire Naturelle à la Faculté de Médecine
de Paris,

Docteur ès sciences,
Membre de la Société Nationale d'Horticulture.

LES PALMIERS

DE SERRE FROIDE

LEUR CULTURE
DANS LA ZONE MÉDITERRANÉENNE
ET DANS LE NORD DE L'EUROPE

PAR RAPHAEL DE NOTER

Fondateur de la Société d'Horticulture d'Alger
Lauréat de la Société nationale d'Acclimatation de France
Membre de la Société nationale d'Horticulture

PRÉCÉDÉ D'UNE PRÉFACE-LETTRE DE

M. Charles RIVIÈRE

Directeur du Jardin d'Essai du Hamma, à Alger

Avec 52 figures dans le texte

PARIS

O. DOIN ET FILS	LIBRAIRIE AGRICOLE
ÉDITEURS	DE LA MAISON RUSTIQUE
8, PLACE DE L'ODÉON, 8	26, RUE JACOB, 26

Tous droits réservés.

DÉDICACE

A Sa Majesté AMÉLIE D'ORLÉANS

Reine de Portugal.

HOMMAGE RESPECTUEUX

DE L'AUTEUR.

RAPHAEL DE NOTER

Paris, le 1er Juillet 1895

PRÉFACE

Monsieur R. de Noter, a Paris.

Cher Monsieur,

On lira certainement avec intérêt et grand profit votre étude si simple et si bien exposée qui traite des *Palmiers rustiques*, de leur culture générale et de leur rôle décoratif, dans le bassin méditerranéen principalement.

C'est le Palmier qui a donné à la côte d'azur et à nos rivages algériens ce cachet pittoresque emprunté aux régions chaudes ou tempérées. Ces plantes à formes étranges et séduisantes, qui caractérisent si bien la flore des zones intertropicales, décèlent une exubérance de développement inconnue chez nos végétaux européens; aussi les Palmiers sont-ils avidement recherchés pour l'embellissement de nos jardins du littoral de la Méditerranée comme pour l'ornementation de nos appartements jusque dans les pays du Nord.

En décrivant les espèces les plus rustiques

vous donnez à tous les amateurs une précieuse indication. Vous leur démontrez que, quoique originaires de ces régions tropicales où l'expansion vitale a tant de force et de charmes, des Palmiers ont un tempérament particulier qui leur permet de sortir de leur centre de création pour vivre sous d'autres climats et y produire, dans toute leur vigueur, leurs effets pittoresques et grandioses.

Vous avez cité des exemples indiscutables.

Ces jardins de la zone méditerranéenne dans laquelle vous avez été élevé, tout peuplés de Cocotiers majestueux, de Lataniers aux larges éventails, de nombreux Phœnix aux frondes élégantes, etc., etc., démontrent bien que ce ciel si clément a offert une large hospitalité à cette charmante végétation, souvenir bien vivace de ces centres exotiques si riches en espèces variées, depuis les espèces les plus gracieuses jusqu'aux stipes massifs et gigantesques.

La liste que vous en donnez est complète. La culture de chaque espèce est bien déterminée; vous allez même plus loin en décrivant de bonnes méthodes pour la transplantation de forts Palmiers. En suivant vos instructions, aucun insuccès n'est à craindre dans le déplacement de grands exemplaires.

Je le répète, votre étude est complète, fort pratique, et de nature à rendre de nombreux services à tous ceux qui s'occupent de l'implantation des sujets les plus résistants de cette belle famille, soit en plein air, soit dans les appartements ou les jardins d'hiver.

Veuillez agréer, cher monsieur, avec mes félicitations, l'assurance de mes meilleurs sentiments.

Ch. RIVIÈRE,

Directeur du Jardin d'Essai d'Alger,
Président de la Société d'agriculture, etc.

Alger-Mustapha, le 2 juin 1895.

INTRODUCTION

Il en est des climats comme des gens : les qualités des uns et des autres restent ignorés, jusqu'au jour où un fureteur les découvre. Il en a été ainsi de la région méditerranéenne, dont les avantages horticoles exceptionnels étaient à peine soupçonnés, avant le commencement de ce siècle. On n'ignorait pas, cependant, que cette riante contrée produisait des fleurs pour la distillerie, qu'elle récoltait des oranges, qu'elle cultivait des immortelles pour bouquets et couronnes funéraires ; mais c'était tout, on semblait ne pas connaître son existence.

Depuis soixante-dix ans à peine, tout est changé : un jardinier de génie, Poiteau, étant allé faire un voyage à Nice, afin de pouvoir publier, en collaboration de Risso, sa grande monographie des Orangers (1), donna l'éveil sur

(1) Poiteau et Risso. *Histoire des Orangers.*

l'avenir immense qu'il entrevoyait pour l'horticulture, dans cette région oubliée, et par cela même bénie du ciel. Quelques jardiniers excursionnistes s'aventurèrent bientôt à la suite de leur devancier, et appelèrent plus que jamais l'attention curieuse des horticulteurs et des amateurs de la France entière sur cette superbe contrée. Mais, que ce pays était donc loin, avec ses communications lentes, fatigantes, coûteuses et presque impossibles pour le vulgaire des mortels. L'horticulture y végétait à l'état rudimentaire, n'ayant pour se guider que des ouvrages écrits spécialement pour le nord et le centre de la France : elle ne pouvait naturellement rien en tirer. Ce qui tenait surtout ce pays en arrière de la civilisation, et presque à l'écart, c'était l'impossibilité, pour ainsi dire, absolue de placer ses produits.

Vint une époque de progrès, il y a de cela plus de cinquante ans, des chemins de fer furent créés ; alors, du jour au lendemain tout y changea à vue d'œil. Des étrangers fortunés, des princes, des rois même, attirés par le climat enchanteur de ce superbe coin de l'Europe, affluèrent dans toutes les villes du littoral, et de ce moment, naît la prospérité pour cette riante et fertile région.

La ville de Cannes conserve pieusement le

souvenir de lord Brougham, son bienfaiteur, auquel elle a élevé une statue, car il a été, pour ainsi dire, l'inspirateur de la résurrection de ce pays jusqu'alors oublié.

A la suite des étrangers et des riches particuliers qui vinrent s'y fixer, des horticulteurs et des jardiniers, en tel nombre, y trouvèrent un si grand bien-être, qu'aujourd'hui, cette longue bande du littoral méditerranéen, depuis Toulon jusqu'à Menton, n'est qu'un seul et vaste jardin, presque ininterrompu.

Là, croissent presque toutes les plantes introduites depuis cent ans, dans les cultures européennes, côte à côte, avec les végétaux indigènes. Tous ces jardins sont un vaste champ d'études pour les investigations des botanistes, aussi bien que pour les horticulteurs.

Les jardins privés sont riches en plantes de toutes sortes, que les propriétaires sont heureux de montrer aux étrangers, et des établissements botaniques et d'acclimatation servent de réserve, à toutes ces richesses de l'horticulture.

A Hyères, c'est la Société d'acclimatation, où se multiplient des millions de végétaux, qui se répandent ensuite dans le monde entier; à Antibes, c'est le jardin de la Villa Thuret, fondé par un savant botaniste de ce nom, qui aujourd'hui, sous la direction de l'État, est dirigé par M. Ch. Naudin, qui s'y dévoue depuis plusieurs années à des études d'acclimatation et de botanique, et d'où il est expédié chaque année, à tous les établissements botaniques du monde, des graines et des plantes, en nombre incalculable.

De son côté, le gouvernement a créé, dans cette belle contrée du Midi, des écoles d'Horticulture, très florissantes à l'heure actuelle, très fréquentées, d'où sortiront dans l'avenir, nous l'espérons du moins, des cultivateurs habiles et savants.

L'Espagne, le Portugal et l'Italie ont également des écoles similaires, qui cherchent à rivaliser avec les nôtres : mais ils en sont encore loin ; car, si ces pays possèdent de savants botanistes, il leur manque le principal, des praticiens-horticulteurs, comme ceux que nous avons en France.

En Égypte, il existe au Caire et à Alexandrie des embryons d'écoles de ce genre, créées par M. Delchevalerie, il y a bien des années ; mais nous croyons que tout cela ne tient plus debout, depuis que l'âme de toutes ces créations, Méhémet Ali, a rejoint ses ancêtres dans la tombe, et que le savant jardinier, ci-dessus nommé, n'est plus à leur tête.

C'est à Alexandrie particulièrement, où des horticulteurs trouveraient tous les éléments nécessaires pour créer des établissements horticoles, sans qu'il leur coûtât la moindre installation de serres. Avec ce climat, dont la température est toujours régulière, on pourrait obtenir tous les végétaux des tropiques, à bien meilleur compte qu'en Europe, sans qu'il résulte, pour les plantes, l'étiolement remarqué dans les serres. Il y a, peut-être, sur l'antique terre d'Égypte, une ressource sur laquelle on ne compte pas; l'avenir, seul, démontrera si nous disons vrai. Dans tous les cas, ce que nous pouvons certifier, c'est que les espèces de palmiers, qui sont de haute serre en Europe, y croissent, pour la plupart, admirablement bien, malgré les vents brûlants du désert.

En Algérie, il existe depuis trois ans, une Société d'horticulture, à la fondation de laquelle nous ne sommes pas resté étranger. Sous la présidence de M. le docteur Trabut, elle est destinée à rendre de réels services, en attendant que l'État s'intéresse à la création d'une école d'horticulture, indispensable. pour former des jardiniers ou des praticiens savants et expérimentés.

Nous espérons vivre assez longtemps pour voir

nos *desiderata* réalisés ; mais quand cela se produira-t-il ?

Nous parlons, dans le chapitre premier de cet ouvrage spécial, des différents climats de la région méditerranéenne ; il n'est donc pas sans intérêt, pour le lecteur, de connaître les températures obtenues sur la partie littoralienne du midi de la France.

Cette région, s'étendant de Cannes à San Remo, peut être considérée à juste titre, comme la plus belle partie des bords de la Méditerranée. Peu de pays offrent plus de variétés et de contrastes que ce coin de la France.

Avec ses montagnes pittoresques et ses côtes capricieusement festonnées de golfes et de promontoires, riches en *orangeries* et en *oliveteries*, la capitale de cet endroit fortuné ne présente à l'œil qu'une masse végétale incomparable.

Les fleurs, les plantes, se cultivent ici sous les proportions d'une grande industrie ; et tout cela est dû à l'admirable climat que possède ce coin de terre privilégié. C'est depuis 1850 que date, pour les Alpes-Maritimes, le début de son expansion horticole, qui tient, comme nous l'avons dit déjà, à son climat, qui, d'une localité à l'autre, varie souvent sensiblement.

Ainsi, à Nice, la moyenne **de la température**

est de 16°,9 ; à Cannes, 16°,2 ; au cap d'Antibes, 14°,4 ; à Menton, 16°,3 ; à San Remo, 15°,5.

La différence est sensiblement plus élevée, sur le littoral algérien, où la température moyenne est de 17 à 18 degrés.

Malgré cette différence de deux à trois degrés, selon les localités, le midi de la France donne presque les mêmes résultats culturaux : sauf pour certaines espèces plus ou moins endurantes, sous le rapport de la sécheresse ou du climat.

A première vue, certains palmiers doivent s'accommoder du climat de Nice ou du cap d'Antibes. Mais, après essai, on est obligé de renoncer à telle ou telle espèce ; ainsi, par exemple, le *Cocos plumosa* résistera admirablement à Nice et souffrira du froid plus vif, pendant l'hiver, au cap d'Antibes ; par contre on verra le *Brahea Rœzlii* ou le *Pritchardia filifera* végéter dans de meilleures conditions plutôt au cap d'Antibes qu'à Nice.

Il en est de même à Alger : au Jardin d'essai, le *Kentia Balmoreana* végète mal ; à Hussein-Dey, situé à un kilomètre plus au sud, ce palmier croît admirablement. Sans doute que le sol lui est plus favorable ou qu'il y est plus chaud.

Il est certain que l'amateur ou l'horticulteur, avant de confier à la pleine terre un palmier nouveau pour la région où il le destine, devra d'abord se rendre compte de son degré de rusticité. Il est aisé de faire cette étude : il n'a qu'à prendre exemple sur les espèces déjà introduites ; ainsi, on sait que le *Cocos lapidea* appartient à la flore du Mexique et du Brésil, où il se rencontre dans les lieux montagneux et pierreux ; eh bien, s'il veut planter un *Geonoma*, qui est également du même pays, il devra voir si ce palmier pousse à l'état spontané dans la plaine ou dans la montagne et comparer ; les conditions principales de réussite résident, surtout, dans la connaissance de la géographie des plantes.

Nous donnerons un léger aperçu de la distribution géographique des principales espèces de palmiers, cultivés dans les jardins qui bordent le littoral méditerranéen, depuis le Maroc jusqu'en Portugal.

On rencontre les *Chamærops* dans des pays très froids, la Chine ; et l'espèce que l'on trouve dans les pays du Nord (Midi de l'Europe), le *C. humilis*, sont les seules qui soient assez rustiques, l'une pour vivre sous le climat de Paris, l'autre dans l'ouest de la France, les bords de la Méditerranée et ceux de l'Océan. L'Afghanistan nous a donné il y a quelques années le *C. Ritschiana* (Nannorops) dont la végétation trop lente l'a fait repousser des jardins des amateurs du Midi. Il y aurait peut être quelque chose à faire avec cette espèce dans le nord de la France.

Les *Chamædorea* sont originaires des plaines du Mexique, du Guatémala, de l'Ecuador, du Pérou, La Bolivie, La Plata, etc.

Les *Corypha* se trouvent aux Indes Orientales et en Australie, dans les plaines ou sur les coteaux, où ils forment de vastes forêts, que les indigènes exploitent, pour construire ou couvrir leurs habitations.

Les *Caryota* appartiennent en propre à la flore des Moluques, des îles de l'océan Indien, et des Indes Orientales;

Les *Cocos* nous viennent des climats les plus divers de l'Amérique du Sud; nous en possédons une espèce, introduite depuis peu d'années de la Californie : le *C. Yatai*.

Les *Geonoma* sont du Brésil, de l'Ecuador, du Pérou, de la Bolivie, où on les rencontre croissant à l'ombre des grands arbres, dans les plaines et dans les forêts vierges.

Les *Thrinax* croissent également dans les plaines de la Jamaïque et du Brésil; les diverses espèces réclament l'ombrage touffu des grands arbres.

Les *Latania*, originaires de Bourbon, végètent

dans les plaines et sur les montagnes où ils forment de superbes forêts.

Les *Kentia* ont été découverts en Australie et dans les îles voisines e cet étrange pays, qui a tant fourni, à la nouvelle flore du midi de la France et de l'Algérie.

Les *Rhapis* ont été introduits de la Chine et du Japon. On ne les rencontre que dans les lieux très chauds, au voisinage de la mer, et dans les parties inondées de ces deux pays.

Les *Phœnix*, dont le plus rustique est acclimaté dans le Midi de l'Europe depuis plus de cinq cents ans, sont originaires des déserts du Sahara, dans l'Afrique du Nord ; le Cap de Bonne-Espérance nous a donné deux ou trois espèces, ainsi que les Indes Orientales et le Sénégal ; toutes sont plus intéressantes les unes que les autres. Comme on le sait, elles sont merveilleusement adaptées pour la création d'avenues superbes.

Les *Oreodoxa* sont propres à la flore du Brésil et de la Bolivie, où ils croissent dans les lieux montueux et arides, formant de splendides forêts là où la main de l'homme n'a pas encore passé.

Les *Acrocomia* appartiennent à la flore des îles de la Sonde. (Un exemplaire existe au Jar-

din d'essai d'Alger ; il est haut de près de
1 0 mètres.)

Les *Jubœa*, ces majestueux palmiers, nous
viennent du Chili.

Avec la géographie des plantes, on peut de
suite se rendre compte de ce que l'on doit faire :
c'est pourquoi nous nous sommes permis ce
court exposé, qui sera la conclusion de cette
préface ; toutefois, avant de terminer, qu'on
nous permette quelques mots sur le plan adopté
dans cet ouvrage si spécial.

Nous l'avons divisé en deux parties : la première, traitant de la question technique ; la
deuxième, de la question des espèces cultivées ou
à essayer. La première partie possède dix chapitres :

Le premier chapitre résume en quelques
pages les divers climats de la côte méditerranéenne.

Le deuxième chapitre est consacré à l'étude
de la terre, la plus favorable à la culture des
palmiers rustiques.

Le troisième chapitre traite de la question
des châssis, serres, abris et couches, dont l'emploi est indispensable pour l'horticulteur, de
même que pour l'amateur.

Le quatrième chapitre est relatif aux semis

et à l'élevage des palmiers rustiques dans la région méditerranéenne, aussi bien, du reste, que dans la région océanienne.

Les cinquième et sixième chapitres parlent d'une manière détailllée de la grande question de l'élevage des jeunes palmiers, tant au point de vue commercial qu'à celui des amateurs, qui voudraient s'amuser à élever eux-mêmes les plantes dont ils auraient besoin dans l'avenir.

Le septième chapitre indique les meilleurs procédés de plantation des jeunes et des vieux palmiers.

Le huitième chapitre est consacré à expliquer quel peut être l'emploi des palmiers dans la décoration générale des parcs et jardins, dans le midi de la France et les pays circonvoisins.

Le neuvième chapitre est un résumé de la question, avec des données climatologiques et géographiques, qui sont indispensables à l'amateur autant qu'au jardinier de profession.

Le dixième chapitre, en un court résumé, donne la culture dans les serres du Nord.

La deuxième partie est entièrement consacrée à l'énumération des espèces de palmiers actuellement cultivées, ainsi qu'a celles qu'on pourrait essayer.

Une table alphabétique des chapitres et des espèces cultivées facilite les recherches.

De jolies figures ornent le texte et aident à se rendre compte de nos descriptions, souvent bien arides (1).

En terminant ce livre, nous ne formulons qu'un vœu : c'est qu'il puisse être utile aux nombreux amateurs et horticulteurs que la culture des palmiers intéresse à divers degrés.

Raphaël DE NOTER.

Paris, le 6 juin 1895.

(1) Nous ne saurions trop remercier MM. de Vilmorin des clichés qu'ils ont bien voulu nous prêter, et M. Doin, notre éditeur, du luxe avec lequel il a illustré d'un grand nombre de gravures inédites ce livre qui manquait dans les collections d'ouvrages horticoles. Tous nos remerciements également à M. Heim, le directeur de cette *Encyclopédie*, qui nous a permis de faire reproduire nombre de figures analytiques, empruntées à sa collection de croquis personnels.

LES PALMIERS DE SERRE FROIDE

PREMIÈRE PARTIE

CULTURE DES PALMIERS

CHAPITRE PREMIER

LES CLIMATS MÉDITERRANÉENS

Il est un fait avéré, c'est que les populations se rejettent plutôt au Sud qu'au Nord. Dans ces conditions et dans un laps de temps plus ou moins éloigné de nous, les bords de la Méditerranée seront plus habités que partout ailleurs. Comment, du reste, en serait-il autrement? Si on envisage que l'espèce humaine, au lieu de devenir plus endurante au froid, devient plus frileuse, on comprend sans peine cette émigration naturelle vers des localités plus clémentes au point de vue de la température.

Les climats sont pourtant très divers sur les bords de la Méditerranée, et, si les horticulteurs ou les amateurs étudiaient tant soit peu la géographie des plantes, ils arriveraient à se convaincre qu'on peut y cultiver presque toutes les plantes exotiques des pays tropicaux tempérés : particulièrement celles du Cap de Bonne-Espérance, de l'Australie, du Mexique, du Chili, du Pérou, des Andes de l'Équateur et de la Bolivie, des montagnes des Indes-Orientales, et aussi du Tonkin, ceci d'après ce que nous a assuré M. Martin, directeur du jardin botanique d'Hanoï.

L'Algérie, qui ne se trouve qu'à quelques heures de Marseille, nous montre un merveilleux exemple de l'adaptation des espèces aux climats. N'y voyons-nous pas croître toutes les plantes, même celles de serre chaude en Europe ? Faut-il que nous citions le Jardin d'Essai du Hamma près d'Alger ?

Là les plantes exotiques les plus diverses végètent en pleine terre, avec une vigueur inconnue, dans les serres d'Europe, sans pourtant que cette facilité d'acclimatement paraisse être remarquée des horticulteurs. Cependant, nous avons souvent observé, dans ce bel établissement, des températures très basses pour le pays : parfois 2 et 3 degrés centigrades au-dessous de zéro. Eh bien, malgré ce froid assez vif, des plantes délicates ne semblaient pas souffrir ; tout au plus, si leur végétation se ralentissait un peu.

Au surplus, lors de l'hiver désastreux de 1890, parmi les palmiers les plus frileux cultivés à l'air libre, les *Caryota*, par exemple, ne paraissaient pas avoir souffert.

A quoi attribuer cette robusticité ? A l'exposition ou au sol plus chaud ou ils sont plantés ?

Nous ne savons. Toujours est-il que, jusqu'à ce

jour, ils ont continué de croître et de fructifier aussi bien que l'*Arenga saccharifera* qui pourtant, depuis quelques années, paraît ne plus s'accommoder du climat de l'Algérie. Un palmier, assez élégant, le *Chamædorea elegans*, s'y multiplie de drageons, avec une rapidité surprenante, formant des touffes monstrueuses ; cependant, il est originaire du Brésil. Cette espèce fleurit chaque année, mais donne rarement des graines ; nous pensons que cela doit provenir du manque de fécondation des fleurs femelles par les fleurs mâles, qui sont insuffisamment nombreuses sur les receptacles fructifères.

La temperature habituelle de l'Algérie, dans la région littoralienne, est de 17 à 18 degrés centigrades ; celle de l'intérieur, dans les plaines, de 12 à 15, et dans les montagnes, on peut estimer que les chaleurs ou les froids sont à peu près semblables à ceux du centre et de l'ouest de la France.

Certains palmiers se contentent de cette température, bien inférieure souvent à celle de leur pays natal, et y végètent avec une vigueur extraordinaire. Cette courte description du climat de l'Algérie prouve surabondamment ce que l'on peut faire sous cet admirable ciel de l'Afrique du Nord, auprès duquel, celui du midi de la France se rapproche beaucoup.

La Tunisie, sur laquelle la France, depuis 1881, étend son protectorat, jouit d'une température sensiblement plus élevée que celle de l'Algerie : 19 degrés centigrades.

Dans cet admirable pays, qui fut une des principales convoitises de Rome, qui est encore aujourd'hui celle de ses successeurs, l'horticulture pourrait, sans nul doute, obtenir des résultats encore plus beaux qu'en Algérie. Hélas ! il n'en sera rien.

avant longtemps, du moins, tant que la métropole n'aura pas mieux compris ses intérêts.

Quoi qu'il en soit, nous pouvons, d'ores et déjà, assurer le plus bel avenir aux plantations récemment exécutées par les Ponts et Chaussées. De nombreux palmiers ont été mis en bordure de la route, menant de Tunis au parc stitué entre Carthage et cette ville. Dans quelques années, le touriste sera assurément surpris de voir plantés là de gigantesques *Cocos datil*, entremêlés de *Latania Borbonica* et de *Phœnix Canariensis*.

Nous ne dirons rien de la Tripolitaine ni du Maroc : de longtemps, il n'y aura rien à faire pour l'horticulture dans ces pays arriérés. Tout au plus, les indigènes y cultivent-ils quelques rares *Phœnix dactilifera*, jetés de çà, de là, au hasard des fruits mangés par ces fatalistes qui se contentent le plus souvent de récolter ou d'utiliser ce que la nature leur a si généreusement prodigue.

Il n'en est pas de même pour l'Égypte, cet autre pays musulman, ou des princes plus éclairés se sont préoccupés d'introduire des cultures nouvelles. La, ceux qui ont voulu étudier serieusement l'acclimatation, sont parvenus à faire, non pas des miracles, mais des prodiges. Des horticulteurs, appelés à grands frais d'Europe par les avant-derniers Khédives, ont réalisé des tours de force. Tout ce que la flore tropicale possédait d'*acclimatable* en végétaux, y a été introduit. C'est ainsi que, malgré les vents brûlants des déserts égyptiens, bien des palmiers y croissent avec une vigueur pareille à celle de leurs pays d'origine.

Les *Caryota*, les *Phœnix* indiens, les *Sabal*, les *Chamærops*, les *Latania*, les *Chamædorea*, les *Cocos* et tant d'autres, donnent aux Jardins du Caire et d'Alexandrie un aspect réellement enchanteur. Naturellement, les expériences faites par les horticulteurs et aussi par les particuliers, n'ont pas été de prime abord toutes seules ; bien des déboires et des déceptions ont fait renoncer à des espèces par trop délicates, mais enfin, tels qu'ils sont, les résultats sont des plus satisfaisants.

Avec la température moyenne de 25 degrés, que ne pourrait-on faire ? Malheureusement, le siroco y souffle en permanence, ce qui arrête les horticulteurs les plus entreprenants.

La Grèce, dont le climat est réputé comme étant l'un des plus doux de la région méditerranéenne, quoiqu'il y gèle ferme, dans certaines parties, durant la saison d'hiver, jouit d'une température moyenne de 13 degres.

On rencontre, dans ce beau pays, des sols d'une fertilite remarquable, ou les cultures bien entendues, donneraient de jolis rendements. Mais, avec le caractère farouche du paysan grec, pendant longtemps encore, l'agriculture, aussi bien que l'horticulture, restera dans le marasme.

La classe bourgeoise grecque n'est pourtant pas ennemie de tout ce qui est beau ; malheureusement, peu d'horticulteurs iront s'établir dans ce pays, parce qu'ils ne trouveraient pas chez ce peuple indifférent, l'ecoulement de leurs produits.

On remarque aux environs d'Athènes, dans l'île de Corfou, des jardins plus ou moins bien entretenus où l'on cultive quelques espèces de palmiers, qui se contentent de ce climat, beaucoup plus dur que celui de l'Algérie.

Quelques *Cocos*, des *Latania*, des *Phœnix*, des *Cha-*

mœrops, y croissent avec une vigueur qui dénote qu'il y a là des terrains favorables a d'autres introductions.

L'Italie, en côtoyant les côtes de Sicile et de l'Autriche, dans l'Adriatique, possède un climat, d'une température presque aussi douce que celle de l'Algérie. Là, il y a beaucoup de ressources pour les horticulteurs intelligents, et ils en profitent en partie. Malheureusement, avec la misère qui y règne en permanence, la sécurité y est trop précaire, pour que des horticulteurs sérieux tentent de s'y établir. Pourtant, depuis quelques années, de vastes établissements y ont été créés, et leur prospérité y est actuellement assurée.

C'est, parmi les classes aisées ou riches, que l'on rencontre le plus grand nombre d'amateurs ; bon nombre d'entre eux s'adonnent avec succès à la culture de certaines espèces de palmiers. Le *Phœnix canariensis* est un de ceux qui ont été le plus multipliés, et ce n'est pas peu dire, quand on songe que des milliers d'exemplaires sortent annuellement des pepinières italiennes, pour se répandre dans ce pays.

La Sicile, possède un climat aussi agréable que celui de l'Algérie ; pourtant il est des hivers où parfois tout est gelé ; mais on peut y admirer quand même une végetation luxuriante presque comparable à celle du nord de l'Afrique. Au jardin botanique de Palerme, auquel feu le Docteur Todaro avait donné tous ses soins, les végétaux exotiques déploient une magnificence de végétation extraordinaire Le savant botaniste y introduisit quantité d'espèces de Palmiers, dont bon nombre, à l'heure qu'il est, sont déjà de grands et forts sujets, qui fructifieront bientôt.

En résumé, la température moyenne des côtes italiennes est de 14 à 15 degrés centigrades.

Les côtes de France, dans la Méditerranée, depuis Marseille jusqu'à Nice, possèdent un climat relativement doux, mais qui ne saurait être comparé à celui de l'Algérie. Quoique abritées par les Alpes, la neige et le froid y sont fréquents, et causent, chaque hiver, des pertes incalculables pour l'horticulture.

Malgré cet inconvénient, l'horticulture y fait tous les ans des progrès sensibles, et il ne se passe pas d'années, sans qu'on n'y enregistre de nouvelles espèces exotiques, assez résistantes, pour supporter les hivers, parfois rigoureux, de cette region aristocratique.

C'est a Nice, à Cannes, à Menton, où on planta les premiers *Phœnix canariensis*, et ou l'on reconnut l'incomparable rusticité de cette espèce et sa vigueur a nulle autre pareille.

Naturellement, on ne cultive pas que ce palmier dans le midi de la France : bien d'autres genres y sont acclimatés depuis longtemps.

Tels sont, par exemple, quelques espèces de *Cocos*, des *Chamærops*, des *Sabal*, des *Chamædorea*, des *Phœnix* indiens ou du Cap, et enfin, depuis quelques années, es fameux *Pritchardia filifera* et *Washingtonia robusta*, dont on fit, non sans raison, tant de bruit. Il est un fait avéré, que nulle autre espèce de palmier ne s'est montrée aussi accommodante sous le rapport du terrain et du climat que ces deux espèces presque identiques. Il est vrai qu'ils furent decouverts en Californie, dont le climat n'est pas toujours des plus chauds, ce qui explique aisement leur robusticité.

En somme, l'amateur qui s'intéresse a cette culture, tout à fait spéciale des palmiers, n'aurait qu'à aller visiter quelques jardins de Nice, Cannes, Menton, au golfe Juan, etc., pour se rendre compte, que tout ce que nous disons ci-dessus, est encore bien au-dessous de la vérité.

La température moyenne des régions méditerranéennes du midi de la France est de 13 degrés centigrades.

Quant à l'Espagne et au Portugal, dont les côtes sont situées en plein midi, on y obtient tout ce que l'on veut au point de vue de l'horticulture.

Beaucoup d'espèces de palmiers y prospèrent déja, et bon nombre d'autres pourraient encore y être introduites Nous devons avouer, pourtant, que ce n'est pas avec l'esprit peu artiste de ce peuple de rêveurs que l horticulture fera parmi les Espagnols les progrès qu'on serait en droit d'espérer d'eux. Que lui importe un palmier? Rien. Et c'est ainsi dans les classes les plus elevées de cette vieille race, fière de ses titres et de son antique gloire, qui se drape dans sa misère, quand elle n'aurait qu'à se baisser un peu pour l'éloigner d'elle à tout jamais.

La temperature moyenne de l'Espagne est de 15 degrés centigrades.

Ce leger aperçu des différents climats des côtes méditerraneennes fera juger à nos lecteurs quels seraient les avantages d'horticulteurs intelligents, s'ils voulaient étudier sérieusement la question d'établissement. Du reste nous en reparlerons dans la suite, quand nous traiterons des divers travaux appliqués à la culture des palmiers, ces princes du règne végétal, comme les nommait très justement le grand naturaliste suédois : nous avons nommé Linné

CHAPITRE II

TERRES ET TERREAUX

La question du sol pour la culture des palmiers n'est pas absolument secondaire, comme on serait trop généralement porté à le croire, car il faut considérer que ces belles monocotylédonées croissent, pour la plupart, dans des sols très fertiles.

Nous devons donc diviser la terre en deux catégories distinctes : la forte et la légère.

La première, forte ou tenace, est difficile à sécher ; la deuxième est légère, sableuse ou meuble, mais elle redoute la sécheresse. Le mélange de ces deux sortes de terres est des plus favorables a toutes cultures, car leurs inconvénients se compensent réciproquement.

Mais, pour la culture des palmiers, pourtant, comme il est impossible d'approprier le sol d'une façon convenable et en même temps rationnelle, on doit le plus souvent se contenter de celui que l'on a à sa disposition ; c'est ce qui explique que des plantations, faites dans ces conditions désavantageuses, n'ont donné que de maigres résultats. Les terres qui prévaudront toujours pour les palmiers, sont celles dont les sous-sols seront perméables aux pluies ou aux irrigations. Il est donc entendu, et nous ne sommes pas seul de cette opinion, que les sols où le sable et la silice dominent, sont toujours ceux qu'il faudra préférer, car ils favorisent la végétation, c'est incontestable, tout en conservant, même en hiver, la chaleur des rayons solaires. Certes, s'ils absorbent rapidement l'eau, en revanche, ils produisent une végétation vigoureuse et soutenue, qui compense amplement des quelques peines que l'on s'est données.

Nous avons aussi des terrains riches en humus et pourtant argileux ; ceux-là, pour bien faire, il faudrait les diviser au moyen de sable fin : ce n'est pas tout à fait du terreau, mais peu s'en faut. Ainsi, par exemple, quand on fait une plantation de palmiers, on creuse des trous assez larges et assez profonds (1 m. 50 cent. de largeur, sur 1 mètre de profondeur), et la terre qu'on en a extraite sera mélangée avec du sable de mer ou de rivière et des matières organiques, telles que des feuilles mortes et des residus végétaux. Ensuite, on remplit le trou avec cette terre, et au moment où l'on confiera la plante au sol, ainsi amende, on entourera la motte avec une suffisante quantité de fumier décomposé, vieux chiffons, vieux papiers, etc.

On entend par terreau la terre où dominent les débris végétaux ou animaux, et qui se decomposent au contact de l'air. Les terreaux de fumier prennent le nom de *terreaux doux* et proviennent de l'amoncellement de tous les détritus d'écuries ; ils sont très actifs et excellents, mélangés avec du sable et des feuilles pour former une composition ou *compost*, qui sert à planter les jeunes sujets en pots.

Nous avons employé, pour la culture et l'élevage des palmiers, un terreau composé absolument de feuilles sèches décomposées ; très riche en azote, il nous a toujours donné les meilleurs résultats. Donc il n'y aurait aucun inconvénient à pratiquer de même ; nous en reparlerons plus loin.

La décomposition lente de tous les débris végétaux produit un terreau excellent, un peu acide, très employé en horticulture : telles sont les terres tourbeuses, de bois, de bruyère, etc.

Dans les coupes de bois récemment faites, on trouve des amoncellements de feuilles mortes a demi consommées ; elles contiennent du tannin en assez grande quantité, ce qui donne au terreau qui en provient, et durant assez longtemps, une propriété acide, qui n'est pas toujours très favorable a la culture de certains végétaux, mais qui convient admirablement aux palmiers, généralement assez gourmands des matières organiques.

En considérant que les palmiers aiment les sols riches en matières azotées, on peut, si l'on n'a pas à sa disposition de terreau tout prêt à être employé, en former au moyen de mélanges appropries. Tels sont les détritus végétaux, les residus de charbon de bois, les feuilles mortes, les cendres de bois, le fumier de cheval consommé, ou à défaut, celui de vache. En entassant et en les mélangeant avec de la terre de jardins, on obtient une composition excellente pour la végétation des jeunes palmiers en pots. On retourne souvent ce mélange, de façon a le diviser et à confondre toutes ses parties entre elles. Pour lui donner une plus grande richesse en azote, on l'arrose fréquemment avec de l'engrais liquide, tels que résidus de fosses d'aisances ou de l'eau de fumier. Un cultivateur spécialiste de palmiers aura toujours préparé, à l'avance, une grande quantité de ce terreau. C'est ainsi qu'au jardin d'Essai d'Alger, nous avons vu opérer, et c'est sur cette manière de procéder que nous avons basé, nous-même, la composition du terreau destiné à la culture en pots des jeunes palmiers. Dans cet etablissement, on utilise les fumiers des vieilles couches à palmiers, pour former les composts, qui sont ainsi très riches en azote, et dans lesquels la végétation de ces végétaux est des plus actives.

La proportion employée dans ces compositions de terres a palmiers est de : cinq parties de terre ordinaire; trois parties de fumier d'ecurie bien consommé; une partie de terreau vegétal ou de feuilles et une partie de sable de mer; celui des vieilles dunes est préferable.

La terre franche, qui est la terre normale de nos jardins, est une des meilleures qu'on puisse employer pour les coupages des terreaux. Il faut qu'elle soit légère et pas trop sablonneuse.

Tels sont les résultats d'une longue pratique, obtenus en Algerie d'abord, et ensuite dans le midi de la France.

CHAPITRE III

CHASSIS, SERRES, ABRIS ET COUCHES

On ne doit pas croire que, parce que le climat méditerraneen est doux, il ne faille pas employer ces utiles agents de l'horticulture : la serre et le châssis. L'horticulteur qui desire avant tout produire vite et à bon marché, doit être muni :

1° D'une serre chaude; aussi exigué qu'elle soit, elle est indispensable pour hâter la germination des graines de palmiers ;

2° — D'une serre froide ou temperée, pour hâter la reprise des jeunes sujets transplantés en pots;

3° — De nombreux châssis, pour couvrir pendant la saison d'hiver les jeunes plants, pas encore assez forts pour être mis sur couches en plein air, sous les abris;

4° — Il faut que l'horticulteur-cultivateur de palmiers ait à sa disposition de grandes quantités de fumier de cheval, destiné à la confection des couches ou les jeunes exemplaires prennent la force nécessaire, pour ensuite être livrés à la consommation annuelle des jardins du littoral, ou même pour orner les appartements dans le Nord.

Enfin, 5° — il est indispensable d'avoir à sa disposition de grandes quantités de roseaux (*Arundo donax*, L.), qui serviront a confectionner les claies destinées à abriter les jeunes palmiers (placés sur les couches) des rayons ardents du soleil d'été, aussi bien que des fortes pluies ou des grêles, qui ne manqueraient pas de detériorer les feuilles, et les rendre ainsi impropres à la vente.

1° *Des serres.*

Le choix de l'emplacement, pour la serre chaude, destinée aux graines de palmiers que l'on veut semer, est une des premières conditions auxquelles on doit songer avant de la construire. Le sol doit être, autant que possible, exempt d'humidité, être abrité des vents du nord et aéré du côte du midi.

Le meilleur modèle à employer est la serre adossée a un mur, soit en bois, soit en fer. La température moyenne du sol, sur lequel doivent reposer les pots contenant les graines en stratification, ne devra jamais dépasser 25°.

Si la température y est maintenue bien egale, les graines ne mettent pas beaucoup de temps à germer.

La serre froide, pour la culture des jeunes palmiers, doit être exposée également en plein midi, afin que les rayons solaires y soient très directs. Seulement, il est indispensable que, durant la forte chaleur du jour, la serre froide soit bien couverte au moyen de claies ou de paillassons. En Algérie où, durant la période estivale, les rayons du soleil sont très brûlants, nous nous contentions de blanchir les vitrages avec du lait de chaux, que les premières pluies désagrégeaient et lavaient ensuite complètement. Notre serre à semis etait enterrée dans le sol, de façon à produire une notable économie sur le chauffage.

2° *Des châssis.*

Les coffres des châssis peuvent être construits soit en bois, soit en fer, soit en briques.

C'est la brique qui est la meilleure pour cet usage, car elle absorbe mieux les rayons solaires et se refroidit moins vite que le bois ou le fer; en outre, leur durée est plus grande que celle des autres matériaux que l'on pourrait employer.

Pour les espèces délicates, telles que *Caryota*, Arenga, etc., nous chauffions nos coffres au moyen de tuyaux, qui y maintenaient une douce chaleur durant l'hiver.

Rien n'empêche d'agir de même dans les autres parties de la région méditerranéenne; ce système est très pratique et très employé au Jardin d'Essai d'Alger, où la culture des palmiers se fait sur une vaste échelle.

On peut construire les coffres sur les dimensions qui conviennent le mieux; mais celle que nous avons trouvée le plus pratique était : de 0^m,70 de hauteur sur le devant, 0^m,90 de hauteur sur le derrière. Les panneaux avaient 1^m,50 de longueur sur 1 mètre de largeur. Le bois entrait seul dans leur construction, car les gouttes d'eau qui se fixent sur leurs parois, sont moins froides que celles qui s'attachent au fer. Quant à la longueur des bâches, elle peut être telle que l'on voudra, pourvu qu'on puisse facilement circuler alentour.

Il est entendu que, durant la belle saison, les châssis sont maintenus ouverts toute la journée et les vitrages blanchis, pour que la trop grande chaleur ou les rayons solaires ne brûlent pas les jeunes sujets.

3° *Des couches.*

Les couches, comme nous l'avons dit plus haut, sont indispensables au cultivateur de palmiers qui ne saurait aucunement s'en passer : 1° parce que ces couches activent, durant quelques mois, la végétation des sujets qu'on y enterre; 2° parce qu'il a besoin de fumier consommé pour confectionner le terreau destiné à y planter les jeunes semis.

Voici comment on procède au Jardin d'Essai d'Alger pour arriver à obtenir des fumiers employés a la confection des couches tout ce que l'on peut en retirer comme chaleur.

Dès l'arrivée des voitures de fumier, on l'entasse à un endroit réservé à cet usage, on le range, on le tasse et on y répand une grande quantité d'eau, afin qu'au bout de huit jours il ait perdu déja une grande partie de son calorique, c'est-a-dire qu'il est en pleine fermentation.

Dès que le fumier est à l'état voulu, on le porte à l'endroit où on doit l'utiliser pour monter les couches. Là, tout a eté également préparé pour pouvoir etablir commodement les abris de roseaux dont nous parlerons plus loin. Il est très important que le fumier soit assez humide pour produire une chaleur prolongée sans néanmoins se brûler; s'il était trop sec, on l'arroserait en conséquence.

On procède a l'emploi du fumier, en l'étendant à la fourche par couches, sur toute l'etendue de l'endroit qu'il doit occuper, et sur une hauteur de $1^m,25$ environ.

Il est indispensable de bien diviser et mélanger exactement le fumier long avec le fumier court, le neuf avec le plus consommé, le sec avec l'humide, le pesant avec le léger; l'étendre par petites fourchées égales avec uniformité, le presser et le frapper également avec le dos de la fourche, élever les deux côtés ou bords bien verticalement. Après cette opération, on le tasse fortement avec les pieds et on l'arrose copieusement, car il lui faut une certaine humidité pour s'échauffer de nouveau convenablement.

Quand tout a été achevé dans les conditions que nous indiquons, on recouvre la couche d'une épaisseur de 10 à 15 centimètres de terreau, afin de recouvrir la paille et empêcher son desséchement. La couche est alors prête a recevoir les pots, mais ce n'est que vers le huitième ou dixième jour qu'on procede à leur plantation.

Pour enterrer les pots dans la couche, on se sert d'une sorte de plantoir qu'un homme manie, et, au fur et a mesure que les trous sont forés par lui dans le fumier, un autre homme place les pots de façon que le bord n'en ressorte que d'un a deux centimètres. La plantation ainsi terminée, on arrose fortement toute la surface. Cette couche n'a besoin d'être remaniée que tous les mois. Pour ce faire, on enlève les pots, on passe la fourche dans le fumier et on replace les jeunes plantes comme il a été dit ci-dessus.

C'est ainsi que l'on pratique en Algérie, dans le midi de la France, en Italie et en Espagne.

4° Des claies.

Ces couches, comme nous l'avons déjà dit, sont abritées par des claies en roseau, supportées par des pieux, soit ronds, soit carrés. Les claies sont fabriquées avec les tiges de l'*Arundo donax*, roseau très commun dans toute la région méditerranéenne, où on en confectionne des brise-vent.

Ces roseaux sont fendus en deux, dans le sens de leur longueur, et, rassemblés entre eux, au moyen de ligatures en fil de fer, ils forment ainsi des sortes de paillassons que l'on nomme « claies ». Ces claies sont des plus utiles pour la préservation des jeunes palmiers contre les rayons solaires, aussi bien que pour les garantir de la grêle, de la neige et même du vent.

Ces claies sont étendues et attachées sur des supports *ad hoc*, assez solides, qui doivent entièrement en être recouverts, de manière que le soleil ne puisse pénétrer dessous.

On ménage des entrées, à chaque extrémité des sentiers qui ont dû être laissés entre les palmiers, afin de pouvoir facilement les inspecter chaque jour et les entretenir convenablement.

Grâce aux couches ainsi abritées, les jeunes palmiers croissent rapidement, ne sont jamais détériorés, et ont alors une valeur marchande réelle.

CHAPITRE IV

SEMIS ET ÉLEVAGE DES PALMIERS RUSTIQUES

Aujourd'hui qu'il est très facile de pouvoir se procurer de bonnes graines de palmiers, on est à peu près sûr de leur qualité germinative.

Nous sommes certains que peu de personnes se sont rendu compte, par leurs observations, de la durée germinative des graines de ces beaux arbres exotiques ; comme, jusqu'à ce jour, aucune note n'a paru à ce sujet, nous nous empressons de le faire, persuadé qu'elle sera utilement consultée par les amateurs et les horticulteurs.

La durée germinative des graines de palmiers est très courte ; pour bien réussir, il serait presque indispensable de les semer aussitôt après la récolte. Cela n'est pas toujours possible, si l'on a recours aux marchands grainiers qui, eux-mêmes, sont obligés de les faire venir le plus souvent de régions très lointaines.

Cependant, aujourd'hui, on récolte beaucoup de graines dans le Midi et en Algérie ; on est donc assuré d'obtenir bon nombre d'espèces, dont la fraîcheur ne laissera rien à désirer. Les graines de quelques palmiers se conservent assez bien, selon les espèces, de deux mois à un an ; encore faut-il qu'on les mette en stratification dans du sable. Plus elles sont vieilles, moins leurs qualités germinatives sont rapides ; souvent même, rien que la traversée d'un pays à un autre, en passant par la mer, leur enlève toutes leurs facultés. Ce n'est qu'avec certaines précautions qu'on peut arriver à les préserver; la meilleure, à notre avis, c'est de les tremper dans un bain de mélasse et de les emballer dans la sciure de bois ou du poussier de charbon. Dans ces conditions, ces graines voyagent assez bien et on peut en obtenir une germination de 50 à 75 %.

Les graines des palmiers qui exigent la serre chaude même dans le Midi ou en Algérie, résistent rarement aux longs voyages; nous citerons, entre autres, les *Calamus*, certains *Pritchardia*. etc.

La durée germinative des graines de palmiers diffère d'une espèce à l'autre, tout en prenant les précautions que nous avons citées ci-dessus; par exemple :

Les *Brahea*, un an; les *Chamærops*, un an; les *Cocos*, de trois a six mois; les *Jubæa*, trois à quatre mois; les *Latania*, selon les espèces, de trois mois à un an; les *Corypha*, même durée; les *Pritchardia* ou *Washingtonia*, de trois à six mois; les *Sabal*, selon l'espèce, de deux a six mois; les *Phœnix*, de deux à six mois, mais leur qualité germinative doit être surveillée ; les *Kentia*, ces palmiers introduits depuis peu dans les cultures du littoral, se conservent trois a quatre mois au plus. D'autres genres ne se multiplient que de drageon, tels sont les *Chamædorea* et les *Rhapis*.

Voici comment on procède, pour faire les semis des graines de palmiers que l'on veut multiplier par ce moyen. Dès leur réception, on les met dans des pots de 20 à 30 centimètres de diamètre, par couches alternées, dans de la sciure de bois, ou préférablement, dans du sable fin, mêlé de poussier de charbon. On enterre ces pots dans le sol chauffé de la serre chaude, et on l'entretient, comme nous l'avons dit plus haut, à une température de 25 degrés centigrades.

Certaines graines, comme les *Chamærops*, les *Sabal*, les *Cocos*, les *Latania*, germent en un laps de quinze jours à un mois ; d'autres, les *Pritchardia*, les *Kentia*, les *Phœnix*, les *Brahea*, de un à trois mois.

Leur plus ou moins grande rapidité de germination dépend, bien entendu, de leur plus ou moins grande fraîcheur ; tout est là.

Tous les huit a dix jours, on passe l'inspection des potées de graines déposées dans la serre chaude. Dès qu'elles sont bien germées, on ne doit pas hésiter à les repiquer séparément, dans des godets, aussi petits que possible, afin qu'ils puissent y développer leurs premières feuilles. Ces godets doivent avoir au plus huit centimètres de diamètre. Au fur et a mesure de leur repiquage, on les place dans la serre chaude (c'est préférable), où les racines reprennent l'équilibre perdu, par leur dérangement lors de la transplantation. Une dizaine de jours suffisent pour que les semis soient bons à être transportés sous châssis froids. Dès que ces jeunes palmiers ont émis deux à trois feuilles (quatre au plus), non caractérisées, ce qui a lieu vers le cinquième ou sixième mois, on les plante, avec leurs pots, dans les couches préparées à cet effet, après les avoir, au préalable, transvasés dans des pots plus grands (10 a 12 centimètres de diamètre).

Durant deux à trois ans, suivant les soins qu'on leur donne et la force acquise par les palmiers, il sera indispensable de les rempoter au moins une fois par an. On reconnaît que cette opération est nécessaire, en soulevant le pot; si les racines du sujet passent en dessous par le trou d'écoulement de l'eau d'arrosage, il est temps de faire le rempotage. Parfois, il sera bon également de dépoter l'exemplaire afin de voir si les racines tapissent complètement le récipient dans lequel il se trouve; car il est bon d'ajouter que les racines ne sortent pas toujours par le trou d'écoulement, dont il est parlé plus haut.

Après deux ou trois ans de culture, selon les genres et les espèces, les palmiers sont déjà assez forts pour être livrés au commerce, ou pour être mis en place en pleine terre.

Quand on veut produire des exemplaires destinés à la décoration des appartements ou à l'exportation, au lieu de cultiver les palmiers constamment sur couche, on peut les placer dans la serre froide; ils prennent un plus grand développement et leurs feuilles restent intactes, ce qui est la condition *sine qua non* du succès de la vente.

On peut également, lorsque l'on possède des graines très fraîches, semer en pleine terre, mais en les plantant à distance raisonnable, dans des planches bien terreautées que l'on entoure de bâches recouvertes de châssis. La germination est tant soit peu plus lente; mais, lorsque le semis est bien fait, il est rare qu'il y ait des manques. D'un autre côté il est préférable de planter directement en pleine terre les graines tirées de la serre chaude, lors de leur entière germination; elles s'y établissent plus rapidement qu'en pots. On les enterre à une faible profondeur, selon la grosseur de la semence, et on les recouvre d'une couche de bon terreau de 4 à 5 centimètres d'epaisseur ; on est ainsi presque certain de la meilleure réussite. On recouvre ensuite toute la plantation avec des châssis vitrés.

Nous n'avons pas besoin de faire remarquer que, grâce à ce repiquage pratique, comme nous l'indiquons plus haut, on obtient des exemplaires bien plus vigoureux que par le repiquage en pots.

Au bout de la deuxième année, on peut relever tous ces jeunes palmiers (dont beaucoup posséderont déjà des feuilles caractérisees). On les arrache avec une bonne motte, on les plante dans des pots de grandeur convenable, et, durant quinze jours à un mois, on les maintient dans la serre froide. Cette opération ou relevage de la pleine terre doit, de préférence, se faire à la fin de mai ; si on la pratiquait en automne, les jeunes palmiers devraient être maintenus en serre chaude ou tempérée, ou encore sur couche. Pendant qu'ils reprennent lentement et se rétablissent de la secousse qu'ils ont éprouvée par la transplantation, on prépare les couches de fumier destinées a les recevoir. On procède alors, comme nous l'avons déja dit, et, six mois à un an plus tard, ces plantes sont bonnes à être mises en vente ou en pleine terre.

Ces sujets sont plus forts que ceux cultivés en pots dès le principe et valent naturellement davantage, au point de vue de la valeur marchande.

CHAPITRE V

CULTURE DES PALMIERS SOUS CHASSIS
JUSQU'A L'AGE D'UN AN

Nous considérons que le châssis est comme une
sorte de petite serre (plus ou moins portative), et, en
effet, il en tient quelquefois lieu. Nous avons déjà dit
quelles devaient être ses dimensions pour être facilement maniable (1 m. 50 sur 1 m.), mais les coffres
qui doivent les supporter peuvent avoir une plus ou
moins grande hauteur, selon la dimension des palmiers que l'on y veut élever.

Pendant la belle saison, les panneaux des coffres
doivent rester ouverts, le jour comme la nuit,
sauf si le temps menaçait grêle; il faut alors qu'ils
soient baissés, pour que les plantes ne soient pas
endommagées.   .

En hiver, pour empêcher la gelée d'y pénétrer, on
couvre les panneaux avec des nattes ou des paillassons *ad hoc*, qu'on a soin de retirer lorsque la température se radoucit. Si l'hiver est très rigoureux,
ce qui se produit parfois dans le Midi, aussi bien
que partout ailleurs, dans la région méditerranéenne,
il est nécessaire d'entourer les coffres avec du fumier
frais, qui est une protection suffisante contre le
froid.

Les jeunes palmiers, qui viennent d'être repiqués,
se trouvent très bien sous ce leger abri et y prospèrent admirablement. Pourtant, nous devons avouer

que, lorsque le temps est longtemps humide et plu-
vieux, ils souffrent parfois de cette situation. A
notre avis, il serait bon, dans l'intérêt de la culture
et plus tard de la vente rapide des exemplaires
placés sous châssis, que les bâches fussent chauffées
au moyen de tuyaux d'eau chaude, qui y maintien-
draient une température régulière. L'établissement
de ce chauffage est un surcroît de dépense, sans
doute, mais il n'est pas très considérable, et on
s'en trouvera toujours parfaitement.

Les palmiers, cultivés sous châssis durant la première année de leur naissance, demandent à être
surveillés contre les déprédations des limaces et des
escargots. En outre, comme nous l'avons éprouvé
par nous-même il y a quelques années, des pièges
à souris ou a rats devront être placés dans les
châssis, ils ne seront pas de trop ; car ces rongeurs
detruisent en une nuit, le résultat de plusieurs mois
de travail. Nous disons l'avoir éprouvé nous-même
voici en quelles circonstances : c'était en 1886,
l'année avait été très sèche ; nous avions, la veille,
mis sous châssis plusieurs centaines de *Kentia Balmoreana*. Nous fûmes deux jours, sans aller passer
l'inspection de nos coffres ; jugez de notre désespoir,
lorsqu'en soulevant les panneaux, nous trouvâmes
tous nos jeunes plants, coupés au ras du sol des pots
Après quelques instants de recherches, nous décou-
vrîmes un gros rat blotti sous des débris de feuillage,
il avait pénétré dans le coffre par un trou pratiqué en
dessous des parois de celui-ci. Il est certain qu'il
n'avait pas opéré seul la destruction de nos repi-
quages de l'avant-veille. En consequence, grâce à
des pièges disseminés dans les coffres, et où nous
leur offrîmes un appât plus agréable, mais plus dan-

gereux pour eux, cet accident ne se reproduisit plus. Les plantes ainsi coupées à ras du sol furent cependant presque toutes sauvées, mais après plusieurs mois de soins assidus.

Au bout d'un an de culture, les jeunes palmiers sont rempotés dans des vases plus grands, car dans ce laps de temps, leurs racines doivent complètement en tapisser les parois.

Cette nouvelle opération terminée, on replace les pots sous châssis, ou si l'on préfère, on peut les enterrer dans des couches de fumier préparées à cet usage.

Beaucoup d'horticulteurs ne cultivent les palmiers que jusqu'à l'âge d'un an; alors ils les vendent par cent ou par mille, à d'autres praticiens qui les élèvent durant plusieurs années pour en faire des plantes d'appartement ou pour être vendus aux amateurs, qui les emploient dans la decoration des parcs et des jardins du Midi.

En résumé, la culture des palmiers rustiques n'offre aucune difficulté, en tant qu'il ne s'agisse que d'espèces de pleine terre dans la region méditerranéenne.

CHAPITRE VI

CULTURE DES PALMIERS JUSQU'A L'AGE
DE QUATRE ANS

Après un an de culture en pot ou en pleine terre, abritée par des châssis, les jeunes palmiers rustiques n'ont pas encore un énorme développement. Cependant on peut déja, à la rigueur, les confier a la pleine terre ; mais, à notre avis, il vaut mieux n'employer à la décoration des parcs et des jardins que des plantes un peu fortes, au moins âgées de trois a quatre ans. Outre leur taille plus élevée, ils ont chance de s'établir avec plus de rapidité que les exemplaires trop jeunes, qui réclament beaucoup de soins et d'arrosages et parfois des abris en hiver.

Lorsque, au bout d'une année de culture sous châssis, on se dispose a transporter les palmiers dans la serre froide ou sur les couches de fumier, on doit d'abord :

1° Avoir préparé des pots de bonne grandeur, destinés au troisième rempotage.

2° Le terreau nécessaire, dont la composition a été donnée au chapitre *Terres et terreaux...*

Pour le rempotage et pour que le jardinier occupé à cette besogne ne soit pas obligé de se baisser, on doit avoir une table propre à cette besogne. Celle-ci doit être longue de deux mètres environ, sur une largeur proportionnée, entourée d'un rebord haut de quinze centimètres, sur trois côtés. Une partie de cette table est destinée à recevoir les pots, une autre le terreau.

L'ouvrier peut se tenir debout ou assis devant son travail sans se fatiguer et la besogne avance rapidement.

A sa droite sont les palmiers dépotés, à sa gauche les pots vides, en face de lui, au centre de la table, le terreau destiné au rempotage. Il devra avoir à sa disposition une spatule en bois qui lui sert à tasser les mottes.

Nous avons pu constater qu'un ouvrier habile peut rempoter, par heure, environ quarante a cinquante exemplaires, sans se presser. Au fur et à mesure du rempotage, un apprenti doit enlever les plantes, les débarrasser des feuilles abîmées ou mortes et transporer es palmiers au moyen d'une brouette spéciale, au lieu choisi pour leur prochain séjour : soit les couches, soit la serre froide, soit même les bâches, dont les bords sont suffisamment élevés pour que les feuilles ne touchent pas au vitrage.

Aussitôt leur mise en place effectuée, on arrose copieusement les pots, de façon que les mottes soient bien humectées. Un mois après, de nouvelles racines se sont formées, et les palmiers recommencent à végeter, donnant bientôt des feuilles de plus en plus caractérisées. Une remarque en passant : ce n'est guère qu'après la deuxième année de culture en pots, que les palmiers produisent enfin des feuilles caractérisées. Au printemps de la troisième année, on procède a un nouveau rempotage ; il en est de même à la quatrième année ; alors seulement, et après en avoir encore activé la végétation, en enfonçant les pots dans une nouvelle couche, on peut les livrer à eux-mêmes, dès la cinquième année, en les plaçant sous de simples abris formés de claies en roseau.

Nous avons remarqué que les espèces de palmiers dont la durée germinative était plus ou moins longue, croissaient aussi avec une plus ou moins grande rapidité.

Par exemple :

Les *Chamærops*, qui germent en quinze jours, donnent des feuilles caractérisées dès la fin de la deuxième année. Il en est de même des *Sabal*, à la fin de la troisième ; les *Cocos*, la deuxième ; les *Latania*, la deuxième. Les *Pritchardia* et *Washingtonia*, parfois à la fin de la première année, mais presque toujours la deuxième ; les *Kentia* la première année, les *Phœnix* la deuxième ; quant aux *Brahea*, leurs feuilles ne sont caractérisées que vers la troisième ou quatrième année.

Les *Brahea Roezlii* et *dulcis* sont deux espèces, dont la lente végétation paie amplement l'amateur des soins qu'elles lui ont coûté, car leur beauté est d'un genre spécial ; en outre, ils ne demandent que peu ou point d'eau.

C'est dans la serre froide que l'on met les palmiers qui ont été relevés en motte de la pleine terre ; c'est là où ils se refont le plus rapidement.

Après quatre ans de culture en pots, les exemplaires, dont on n'aurait pas trouvé la vente ou qui resteraient après la plantation, pourront être mis en place dans une pépinière d'attente. Cette pépinière doit être exposée de façon à pouvoir être irriguée annuellement pendant la saison d'été.

Le sol doit être profondement défoncé et fumé ; on plante alors seulement les plantes que l'on a de disponibles, en les espaçant selon les espèces, soit à cinquante, soixante, quatre-vingts centimètres ou un mètre, les unes des autres.

Cette pépinière devient bientôt une ressource pour l'amateur et un grand produit pour l'horticulteur, car le premier y trouve, après quelques années, de grands exemplaires pour faire des remplacements ou de nouvelles plantations immédiatement décoratives ; le second en possédant de forts sujets que les amateurs, pressés de jouir de suite, paient des prix très élevés. Ces palmiers, ainsi livrés librement à eux-mêmes, croissent presque sans soins, et sont plus robustes que ceux que l'on conserve en pots.

Voici les distances à observer, pour planter les palmiers en pépinière d'attente :

Les *Brahea*, à soixante centimètres ; les *Chamærops*, à cinquante ; les *Cocos*, à cinquante centimètres ou plus, suivant qu'on veuille les laisser plus ou moins longtemps à la même place, avant de les transplanter ; les *Latania*, à un mètre ; les *Jubæa*, un mètre ou plus ; les *Corypha*, id. ; les *Pritchardia*, à un mètre ; les *Phœnix*, à soixante ; les *Sabal*, à un mètre. Quant aux espèces, telles que les *Rhapis* et les *Chamædorea* qu'on multiplie surtout d'éclats, on peut les planter en pleine terre, en les espaçant de cinquante centimètres à un mètre, en tous sens.

Depuis quelques années, le *Rhapis flabelliformis* est très en faveur près des amateurs, avec juste raison, car il est excessivement rustique et décore admirablement les jardins du littoral méditerranéen.

CHAPITRE VII

MISE EN PLACE DES JEUNES SUJETS
TRANSPLANTATION DES GRANDS EXEMPLAIRES

Nous avons dit, dans un précédent chapitre, que, lorsqu'on voulait mettre définitivement en place un jeune exemplaire de palmier, il fallait avant tout préparer le sol, de façon à l'amender convenablement. A cet effet on creuse un trou de 1 m. 50 carré sur un mètre de profondeur; si la terre qui sort de la fouille est par trop argileuse, on y incorpore moitié de sable et on la rejette ensuite dans la fosse que l'on comble aux trois quarts. Au centre on dépose une brouettée de fumier bien consommé, et on achève de remplir l'emplacement que doit occuper l'arbre que l'on a choisi, pour orner ce point du jardin ou du parc. Cette opération terminée, on fait, à l'endroit voulu de cette terre ainsi travaillée, un trou à la bêche et on plante. Autour du plant, on ménage une cuvette destinée à l'arrosage, dans laquelle sera déposé un bon paillis, qui empêchera l'évaporation trop rapide de l'eau. Il est indispensable, après la plantation, d'abriter le jeune plant des atteintes du soleil; il suffit, pour cela, de ficher en terre, tout à l'entour, des branches garnies de leurs feuilles, de façon à cacher complètement son feuillage.

Petit à petit, les feuilles tombent en se desséchant sous l'action du soleil, et le palmier s'accoutume ainsi, sans souffrir de ses rayons. Nous avons toujours agi ainsi, sans jamais eprouver la moindre perte dans nos plantations.

Mais, quand il s'agit de transplanter un grand exemplaire de palmier, il n'est pas toujours aise d'y parvenir facilement et sans trop de frais, parce que, la plupart du temps, on ne possède pas les instruments nécessaires à cette opération.

Ce cas n'est pas aussi rare qu'on voudrait le croire, et un chariot ordinaire ne serait pas tout à fait suffisant, parce que la motte, ayant parfois de grandes dimensions, atteint aussi un poids énorme. Il est donc nécessaire de recourir à des moyens pratiques.

Un horticulteur de Toulouse, M. Demouilles, eut un jour à transporter, à deux kilomètres et demi de son établissement, un cèdre âgé de 30 ans, haut de 8 metres 50, dont le tronc, a un mètre au-dessus du sol, ne mesurait pas moins de 0 m. 90 cent. de circonférence. Que fit-il? (Voir gravures du *Bon Jardinier*.)

« Il s'agissait tout d'abord de déplanter l'arbre, dit la *Revue Horticole*, sans endommager les racines afin que la reprise fût assurée. A cet effet une première tranchée circulaire T, de 1 m. 30 de profondeur, fut creusée dans un rayon de 2 m. 10 autour de l'arbre. Les ouvriers travaillant dans cette tranchée attaquèrent la base de la motte et purent introduire, au moyen des galeries T T, ouvertes dans le terrain, de fortes pièces en bois de chêne A A, destinées à supporter le plancher qui devait soutenir la motte. Ces pièces furent posées a leur extrémité sur quatre blocs E servant de point d'appui; leur écartement fut maintenu par deux traverses très solides. Cela fait, on plaça successivement les différentes pièces C du plancher, et on consolida la motte par un cuvelage a claire-voie cerclé et entouré d'une forte chaîne de fer, pour que les racines, repliées délicatement, n'eussent pas a souffrir du moindre choc pendant le transport. Ces racines, ayant 3 m. 50 de rayon, ont été ainsi parfaitement conservées.

« Restait à soulever cette masse considérable, mesurant 4 m. 20 de diamètre sur 1 m. 30 de hauteur, et pesant 35,000 à 40,000 kilogrammes.

« Quatre verins V, placés aux quatre angles de l'appareil, purent, avec l'aide de quatre hommes, donner l'impulsion pour cette ascension extraordinaire, qui eut lieu sans encombre, avec toutes les précautions indispensables. (V. gravures du *Bon Jardinier*.)

« Les travaux d'extraction du cèdre, commencés le 5 mars, avaient été heureusement terminés en treize jours avec le concours de huit hommes seulement, lorsque M. Demouilles crut devoir se préoccuper sérieusement de l'autorisation de transport.

« Ce n'était pas une mince affaire. On craignait que le poids considérable du cèdre n'effondrât les routes et que les ponts qu'il devait traverser ne présentassent pas une solidité suffisante. »

Bref, après des démarches sans nombre, qui ne sont pas a craindre pour un propriétaire qui agit chez lui, il obtint l'autorisation nécessaire aux conditions suivantes :

« Les rails devaient être employés, placés et déplacés successivement à mesure que l'on cheminerait, de manière à n'avoir jamais sur la route une longueur de plus de quarante mètres. »

On craignit que le pont du chemin de fer du Midi ne fût pas assez solide; M. Demouilles dut s'engager à l'étayer. Il était du reste responsable de toutes les dégradations, qui pourraient être faites à la route et au pont.

Les difficultés administratives étant enfin résolues, le cèdre fut mis en mouvement le 27 mars.

« La voie ferrée qu'on établissait par tronçons de 30 mètres de longueur depuis la fosse d'extraction jusqu'au palais du maréchal Niel, où le cèdre devait être transplanté, était constituée par 4 rails Barlow R sur lesquels reposaient 4 rouleaux de fer parallèles, ayant 0 m. 11 de diamètre.

« Les pièces A du plancher soutenant la motte étaient garnies de rails Brunel, tournés sens dessus dessous.

« Il est aisé de comprendre combien cette disposition ingénieuse devait faciliter la traction. »

Néanmoins, il fallut trente jours pour arriver au but du voyage ; l'arbre avait été arrosé trois fois. Il fut transplanté avec les mêmes précautions que pour son extraction, et ne subit aucunement l'influence de son changement de milieu.

Ce mode de transplantation revint à 1144 francs, dont il faut déduire la valeur du matériel restant : 144 francs ; restait donc net, comme frais, 1000 francs, soit encore une dépense de 22 centimes environ par mètre parcouru.

Nous engageons donc fortement les propriétaires qui auraient des palmiers de haute taille à déplacer, d'employer ce système très simple et peu dispendieux, puisque l'appareil ne coûte en réalité que 144 francs, et qu'il dure éternellement.

Mais rarement on transplante des arbres de cette force ; et puis, il faut songer qu'avec les palmiers, les précautions a prendre pour ne pas briser la motte sont bien moindres, car ces derniers donnent tellement de racines, que par elles seulement, la terre est deja assez solide pour supporter un transport d'un point a un autre du jardin.

S'il s'agissait de transférer un palmier de grande taille a plusieurs kilomètres de distance, il serait bon d'employer le système de M. Demouilles, qui nous semble être des plus pratiques.

CHAPITRE VIII

EMPLOI DES PALMIERS DANS LA DÉCORATION DES PARCS ET DES JARDINS

Les palmiers sont assurément les arbres les plus majestueux que l'on connaisse. Linné les qualifiait de « *Princes du règne végétal* », et il avait raison. Est-il rien de plus gracieux que les immenses frondes des *Cocos* ou des *Phœnix*, lorsque le vent les agite? Aussi les riches amateurs de la côte méditerranéenne, les utilisent-ils depuis longtemps à l'ornementation des parcs et jardins.

La nature a peuplé la surface du globe d'un nombre incalculable de végétaux aux formes variées, qui trouvent leur emploi dans la décoration des jardins paysagers du midi de la France, aussi bien que dans ceux de toute la zone méditerranéenne.

Parmi ces végétaux, les palmiers sont de ceux qui paraissent être le plus en honneur, car on en voit partout, même dans les plus petits jardins, ou un seul exemplaire un peu âgé suffit pour tout obstruer.

Les jardins seuls n'ont pas bénéficié de la magnificence de ces arbres, les promenades en ont été pourvues. C'est ainsi que Nice possède l'admirable *promenade des Anglais*, bordée de chaque côté d'énormes *Phœnix dactylifera;* Alger, depuis plusieurs annees, a des promenades analogues, mais plantées de *Cocos datil*, un des palmiers les plus rustiques, parmi ceux que l'on cultive actuellement.

Partout sur le littoral, les jardins sont ornés de nombreuses espèces plus belles et plus rustiques les unes que les autres, depuis les *Phœnix* jusqu'au rustique *Chamærops excelsa*, que l'on rencontre jusque dans le nord de la France, où il résiste aux plus fortes gelées (parfois 20°).

Mais tous ces palmiers sont plantés, le plus souvent, dans des situations qui ne leur conviennent pas pour produire tout l'effet qu'on en attend. Si l'amateur, en faisant ses plantations, prenait exemple sur la nature qui a disséminé ses produits souvent dans des conditions très anormales, il s'en trouverait peut-être bien au point de vue de la décoration.

Par exemple : si l'on possède un terrain partie en pente, partie en plaine, qu'est-ce qui empêcherait, de planter des palmiers, aussi bien sur la hauteur que dans le bas du jardin ? La sécheresse, ce n'est pas toujours une raison ; pas plus que la mauvaise qualité du sol, que l'on peut toujours amender. Sur la partie haute il convient de planter les espèces les plus rustiques ou du moins qui craignent peu les coups de vent ; telles sont : les *Brahea*, les *Pritchardia*, les *Phœnix*, les *Chamærops*, quelques *Sabal*, etc.; dans la plaine : les *Cocos*, les *Rhapis*, les *Kentia*, les *Corypha*, les *Chamædorea*, les *Latania*, etc.

Les premiers croissent assez bien même dans le tuf, pourvu qu'on leur prodigue l'engrais et l'eau, et, au moment de la plantation, qu'on entoure leurs mottes de bonne terre franche. Seulement ces palmiers, si on les plante dans le voisinage d'*Eucalyptus*, croissent très lentement et paraissent toujours malingres, car ces arbres australiens absorbent non seulement toute l'humidité du sol, mais encore tout l'humus. Certainement cette observation a dû être déjà faite par d'autres que par nous, mais nous ne pensons pas que personne en ait jamais parlé. En outre de ces désagréments, l'ombre de ces arbres est pernicieuse à certains arbustes ou arbrisseaux plan tés dans leur voisinage.

Autant que possible, lors de la création d'un parc ou d'un jardin, l'amateur devra exclure de ses plantations l'*Eucalyptus*, malgré tout son caractère ornemental. Qu'il plante toute autre espèce d'arbre dans le voisinage de ses palmiers, peu importe, pourvu que le résultat attendu soit le succès au point de vue végétatif.

En parcourant les forêts où la main des hommes n'a point encore touché, on rencontre çà et la des espaces où l'essence dominante est remplacee par une autre, qui forme un contraste agréable à l œil. L'homme n'a qu'à prendre exemple sur la nature en la modifiant à ses goûts, il s'en trouvera toujours bien. Pourquoi, au moment où il crée, ne s'arrangerait-il pas pour arriver à établir ses plantations de façon que, lorsqu'elles auront pris tout leur développement, elles produisent le même effet que si elles étaient spontanées? Rien sans doute; mais il voudra que tout cela soit très régulier, de manière à bien faire voir que la main des hommes n'est pas étrangère à cette creation.

Cette règle, assurément, n'est applicable que si l'espace sur lequel on opère est assez étendu Il faut toujours tenir compte des dimensions de la pro priété et ne pas tomber dans le ridicule, sous le vain prétexte de reproduire en miniature une scène imposante empruntée aux forêts.

Les palmiers rendent d'immenses services pour décorer les jardins du littoral mediterranéen, mais leur emploi n'a pas toujours été judicieusement compris. En général, ils sont presque constamment plantés entre des arbres plus hauts qu'eux ; ce qui les fait paraître minuscules : alors ils sont écrasés sous un fouillis de végétation.

Ces magnifiques végétaux demandent à être plantés isolément, soit autour des habitations où leur feuillage sera des plus décoratifs, soit dans les pelouses, au bord des étangs ou des pièces d'eau, soit enfin isolés dans les massifs, ou des échappées de paysage auront été ménagées.

Il faut convenir qu'il n'est pas toujours à la portée de tout le monde d'être artiste et d'avoir bon goût; mais il existe des praticiens spécialistes, dont le talent est universellement connu.

Avec un jardin de très peu d'étendue, un amateur qui veut se donner la peine d'étudier son terrain avant de le planter, paraîtra posséder un immense parc, tout simplement en utilisant les points de vue sur la campagne voisine ou sur les propriétés qui le touchent. Pour ce faire, il devra, comme nous l'avons dit plus haut, choisir des exemples sur la nature. En disséminant adroitement (pour ne pas dire avec art) les palmiers dans la position qu'ils doivent occuper ; en calculant surtout la taille qu'ils atteindront dans l'avenir, l'amateur intelligent se prépare pour plus tard des jouissances sans bornes ; ce qui ne se produirait point s'il ne suivait nos conseils, qui sont ceux de la logique même.

Dans un grand jardin ou un parc, le sommet d'une colline ou d'un monticule devra être planté d'arbres de moyenne taille, au-dessus desquels plus tard émergeront les frondes des Phœnix et des Cocos. Il est naturel qu'on se rende compte de la forme des différents feuillages de ces superbes végétaux, afin de les placer de manière à produire l'effet le plus pittoresque. Ainsi, par exemple, on devra isoler les espèces a feuilles en éventail, tels que : les *Sabal*, les *Latania*, les *Chamærops*, les *Pritchardia*, etc.; les espèces a frondes, comme les *Cocos*, le *Phœnix*, etc., pourront être plantés entre des massifs de grands arbustes, que, par le temps, ils couvriront de leurs immenses têtes, tout en procurant a ces végétaux un demi-ombrage qui leur sera des plus favorables.

Certains palmiers, comme les *Cocos*, quelques *Phœnix*, sont utilisés pour la plantation des avenues; entremêlés avec des *Pritchardia*, des *Brahea*, des *Latania*, etc , etc., ils forment des allees superbes qui deviennent très touffues. Nous en avons un exemple au Jardin d'Essai d'Alger, ou la vegétation des *Latania* est si vigoureuse que les têtes de ces arbres plantés à dix mètres les uns des autres, finissent par se toucher; a peine si on peut circuler sous eux, sans être à chaque instant exposé à accrocher son chapeau aux feuilles immenses qui barrent le passage.

Le Jardin d'Essai possède des exemplaires de cette espèce qui ont aujourd'hui plus de dix mètres de hauteur, et ils ont à peine trente-cinq ans de plantation; c'est expliquer amplement l'emploi qu'on peut en faire dans la decoration des jardins dans la région méditerranéenne.

CHAPITRE IX

CONSIDÉRATIONS SUR LES PALMIERS RUSTIQUES DANS LE MIDI ET DANS LE NORD

Nous l'avons déjà dit, le climat des bords de la Méditerranée renferme deux zones de culture bien distinctes :

1° Celle de l'olivier ;

2° Celle de l'oranger.

La première commence au bord du littoral et finit à une altitude de sept cents mètres. Elle est propre à toutes cultures : la *vigne*, le *figuier*, l'*olivier*, l'*amandier*, en passant par toute la série des arbres fruitiers, jusqu'aux espèces principales : le *chêne vert*, le *pin d'Alep*, le *pin pignon*, le *pin maritime*, etc.

La *zone de l'oranger* comprend une bande du littoral, qui part de la mer et ne dépasse pas les premiers coteaux. C'est la région des primeurs par excellence. Ceci est dit pour le midi de la France, l'Italie, l'Espagne et le Portugal. En Algérie, on trouve l'oranger aussi bien que l'olivier, croissant à des altitudes souvent très élevées. Nous ne citerons que Boufarick, Blidah, Orleansville, et parfois quelques parties montagneuses de la Kabylie ; dans les ravins abrités, on trouve des orangers, qui donnent d'excellents produits. L'olivier végète avec une telle vigueur, qu'il y atteint des proportions inconnues en Europe. Nous avons vu une seule branche de cette superbe oléinée, abriter des caravanes composées de plus de cent cinquante personnes, bêtes et gens.

Mais, si la végetation de ces arbres est incomparable dans ces régions du nord de l'Afrique, beaucoup d'espèces de palmiers ne pourraient y croître, quoique le *Chamærops humilis* et le *Phœnix dactylifera*, viennent presque partout. Le premier est un poison dont sont infectés toutes les terres et contre lequel nos colons ont eu énormement à lutter, car souvent ses racines vont puiser leur nourriture à plus d'un mètre de profondeur.

Dans la région dite de l'Olivier, et dans le midi de la France, le *Chamærops excelsa*, ce petit arbre qui atteint de six a dix mètres de hauteur, est largement employé dans la décoration des jardins ; sa rusticité est sans égale, puisqu'il résiste aux froids les plus excessifs ; soit 15° à 20° au-dessous de zéro.

Le *Chamærops humilis*, indigène de l'Italie, d'Espagne, de Grèce et de l'Afrique du nord, y a été également beaucoup multiplié. Il n'est pas de jardin où on ne le rencontre soit isolé, soit en groupe. En se basant sur la rusticité de ces deux espèces typiques, les amateurs d'horticulture, après s'être bien convaincu qu'il y avait beaucoup à faire dans cette voie, pour la décoration des jardins, au moyen des palmiers, essayèrent avec un plein succès l'acclimatement de bon nombre d'espèces, qui sont aujourd'hui presque naturalisées dans les régions littoraliennes de la Méditerranée.

Depuis trente ans, l'horticulture y a fait de tels progrès, sous la direction d'hommes éminents, tels que : Thuret, Naudin, Charles Huber, Rantonnet, Doguin. Ed. André, etc., etc., qu'il est presque impossible aujourd'hui de retrouver la flore locale primitive, sous l é iorme amoncellement des végétaux exotiques qui y ont été introduits.

Naturellement les palmiers y dominent imprimant au paysage un cachet grandiose, car ce sont eux qui apparaissent les **premiers** aux regards éblouis des amateurs de jardins.

Ce n'est pas sans tâtonnements que les propriétaires des fastueuses villas de Nice, Cannes, Menton, etc., firent des tentatives de cultures de palmiers : bien des déboires, bien des déceptions les attendaient dans cette voie. Ce n'est qu'à la suite de la réussite complète, des espèces cultivées à Alger, presque au bord de la mer, que les amateurs, prenant exemple sur le Jardin d'Essai, tentèrent de véritables plantations avec des sujets cultivés dans ce superbe jardin d'acclimatation, qui alors appartenait à l'État, et où ils pouvaient se procurer ces plantes à des prix raisonnables.

C'est alors que l'on vit le *Latania*, le *Corypha*, diverses espèces de *Phœnix*, venir ajouter leurs superbes feuillages a la flore locale du midi de la France. Mais ce n'était pas suffisant pour les riches amateurs, qui avaient pu visiter les jardins algériens, où beaucoup d'autres espèces croissaient presque librement et sans soins : on essaya les *Cocos*; quelques espèces réussirent à souhait. La voie, dès lors ouverte, devait continuer à être suivie avec avantage.

Avec les nouvelles découvertes de la science botanique, surtout d'espèces propres aux extrêmes régions de l'Amérique, du Cap de Bonne-Espérance, de l'Australie, du Mexique, le progrès marcha rondement.

Aujourd'hui, bon nombre d'espèces de cette riche

famille, croissent à l'air libre dans la région de l'O-
ranger, et même dans celle de l'Olivier.

Outre les deux espèces presque endémiques que
nous avons déjà citees plus haut, les *Chamærops
excelsa* et *humilis*, nous remarquons :

Les *Cocos Australis*, *flexuosa*, *Romanzoffiana*, *Campestris*, *datil*, *lapidea*, *Yatai*, etc. ;

Les *Kentia Forsteriana*, *Balmoreana*, *Baueri* dans
certaines localites, *sapida*, *Lindeni*, etc. ;

Les *Latania Borbonica*, *sub-globosa*, *olivæformis* ;

Les *Corypha* ou *Livistona Australis* et *gebanga* ;

Les *Sabal Adansoni*, *palmetto*, *Blackburneana*, *Hava-
nensis*, *princeps*, etc. ;

Les *Phœnix canariensis*, *pumila*, *Senegalensis*, *Natalensis*, *reclinata*, *sylvestris*, etc., dont on plante principalement les avenues.

Après ces introductions sont venues tout naturellement les espèces suivantes :

Jubœa spectabilis ; *Brahea dulcis* et *Ræzln*, de Californie ; *Pritchardia filifera* et *Washingtonia robusta* ;
ensuite on a fait l'essai d'espèces plus délicates : *Chamædorea*, parmi lesquelles, celles qui se sont mon-
trées les plus rustiques sont, sans contredit, le *C. elegans* et *elatior* ; quant au *Rhapis flabelliformis*, cet
élégant petit palmier fait, depuis quelques annees,
les délices des amateurs.

En presence d'une pareille masse d'espèces, absolument acquises à la région du sud de la France,
n'est-on pas en droit d'espérer d'y voir introduire
d'autres genres? Oui assurément, surtout, si l'on
considère que le Jardin d'essai d'Alger est admirablement dispose pour faire les essais, dont le grand
nombre d'espèces déjà introduites par cet établissement est un sûr garant de reussite.

Nous avons vu a Alger, dans ce jardin renommé dans le monde entier, des espèces qui y végètent assez bien, entre autres un *Acrocomia sclerocarpa*, ce palmier épineux, qui, paraît-il, est incultivable, aussi bien que le *Pritchardia pacifica*. Durant l'hiver de 1890, où la neige (fait rare, presque inconnu sur le littoral algérien) couvrit le sol, ce *Pritchardia* n'eut que quelques feuilles gelées ; mais, dès que la température se fut relevée, cette rare et belle espèce reprit sa végétation interrompue. Aujourd'hui il est plus beau que jamais. Il est a supposer que, dans certaines parties du Midi, il se contenterait de très peu de soins ; le golfe Juan serait assurément l'endroit où il ferait naturellement merveille.

A Alger on cultivait également, en pleine terre, avant la neige de 1890, des *Geonoma* et des *Thrinax;* ceux-ci furent gelés ; mais les *Caryota*, vieux de plus de trente ans, ont résisté, aussi bien que l'*Acrocomia* et l'*Oreodoxa regia*.

L'acclimatement de bien des espèces de palmiers est encore à tenter, malgré les dires d'amateurs désillusionnés ou d'horticulteurs indifférents ; il est à supposer qu'un jour, le plus proche possible, les hommes qui ont voué leur existence à la science horticole ou botanique, tenteront de nouveaux efforts dans cette voie, au lieu de s'occuper d'introduire des espèces d'arbres inutiles ou désastreux pour les climats et les jardins : nous avons nommé les *Eucalyptus*, dont les racines, gourmandes au delà de toute expression, absorbent la nourriture des végétaux voisins. Si ces arbres sont les bienfaiteurs des campagnes empestées de l'Italie ou des marais d'Algérie, ils sont les fléaux de toutes cultures horticoles. On l'a si bien reconnu aujourd'hui, que, depuis quelques années, on les supprime, non seulement dans les jardins de l'Algérie, mais encore dans ceux du midi de la France, de l'Italie et de l'Espagne.

Quant aux boisements et reboisements faits avec les Eucalyptus, on se rendra seulement compte, dans quelques années, des effets désastreux qu'ils produiront; et alors, tout sera à recommencer.

Nous n'avons pas a nous étendre plus longuement sur ces arbres, qui n'entrent pas dans le cadre de ce travail, si ce n'est pour jeter le cri d'alarme que tout homme, ayant étudié cette question, comprendra; il n'y a que les aveugles, qui ne verront pas, et les sourds, qui ne voudront pas entendre.

A notre avis, il serait préférable de reboiser avec certaines espèces de *Phœnix*, dont les tiges, les feuilles et les fruits, même acerbes, peuvent être utilisés de mille manières.

Il est un fait évident, c'est que les palmiers, sont des végétaux hors ligne, avec lesquels aucun autre ne peut rivaliser, pour orner les jardins du littoral, où, élevés a la pleine terre, ils prennent souvent un énorme développement.

Dans le Nord, une seule espèce est rustique, c'est : le *Chamærops excelsa*. Cependant il est encore prudent de le garantir des fortes gelées, en l'entourant d'un coffre ou de paille.

Sous ces climats généralement assez chauds en été, on peut confier au plein air les espèces croissant en pleine terre dans le Midi, car elles décorent admirablement les jardins. Dès que les premiers froids se font sentir, il est indispensable de les mettre immédiatement a l'abri dans leurs serres respectives.

Pour achever, quelques mots sur les cultures de

palmiers pour le commerce, installées au golfe Juan et a Antibes.

Ces etablissements se sont modelés sur les cultures de palmiers établies à Alger. Elles livrent au commerce parisien et des autres grandes villes, des milliers d'exemplaires, de diverses espèces, qui sont cotés dans les catalogues des marchands horticulteurs, a des prix bien plus réduits que ceux venant d'Algérie. Sans doute, les sujets sont moins vigoureux, ou moins garnis de feuilles caractérisées, que ceux provenant des pépinières du Hamma d'Alger, mais les amateurs, qui ne sont pas toujours très au courant des choses horticoles, s en contentent, faute de mieux.

Les cultures de la maison Huber, etc , se font de la même façon qu'en Algérie ; c'est-à-dire, que les jeunes palmiers sont cultivés sur couches, sous châssis ou en serre froide.

Pendant l'hiver 1894 95, les pertes de l'horticulture dans la région du midi de la France ont été énormes, et il faudra bien des années pour les réparer ; à l'heure ou nous écrivons ces lignes, on n'en connaît pas encore toute l'étendue Espérons pourtant qu'elles seront moins importantes qu'on ne le présumait.

CHAPITRE X

CULTURE DES PALMIERS
DE SERRE FROIDE DANS LE NORD

L'amateur désireux de pouvoir posséder les palmiers qui se cultivent à l'air libre dans la région méditerranéenne, doit installer la serre qui devra les
abriter, dans des conditions se rapprochant le plus
possible de la nature. Nous savons bien que cela est
difficile et peu aisé, car il manquera toujours à ces
plantes le grand air qui est indispensable à leur
existence, faute de quoi, elles s'étiolent *et ne sont
plus elles-mêmes*. Quand on a vu l'exubérante végétation de ces superbes monocotylédonées en plein
air, on est souvent bien empêché de les reconnaître,
dans leur maigre facies, lorsqu'ils croissent sous des
vitrages, où le manque d'espace leur fait toujours
défaut.

Autant que possible, la serre destinée aux palmiers qui végètent à l'air libre dans le Midi, devra
être exposée au grand soleil, ou, grâce à l'échauffe-
ment du vitrage, ils ne se ressentiront pas trop du
désavantage de la température extérieure. Celle-ci
peut être à un ou deux versants; si elle ne doit en
avoir qu'un et garantir de grands exemplaires, elle
devra, si c'est possible, être placée a l'abri d'un mur
élevé qui sert de barrière aux vents du Nord. Ce
genre de serre servira mieux que n'importe la-

quelle à abriter les palmiers et les plantes des pays tempérés, comme l'Australie, le Cap de Bonne-Espérance, etc.

On se trouvera bien de remplacer le mur du fond par un double vitrage vertical. Ce vitrage a l'avantage d'intercepter l'air froid et de conserver la lumière ; la couche d'air comprimée, entre les deux vitrages, est un mauvais conducteur du calorique. Il faut que le vitrage soit a fermeture hermétique, sans quoi tout l'avantage de ce système serait perdu ; l'air froid pouvant dès lors pénétrer dans la serre aussi facilement que s'il était simple.

Cette disposition des vitrages doubles est applicable dans toutes les parties verticales de la serre, et elle permet de supprimer les pignons que l'on construit habituellement en maçonnerie

Mais la serre à deux versants est préférable à notre avis, car elle permet d'y placer des plantes de toutes dimensions sans aucunement se gêner entre elles. C'est ainsi qu'on met au centre les plantes déjà hautes et les plus petites, sur les bas côtés.

La plupart des palmiers dits de serre froide peuvent aisément passer dehors la saison d'été, où ils ne feront que se fortifier pour pouvoir affronter ensuite, sous verre, les terribles hivers du Nord.

Quoique nous parlions de serre froide, le mot n'est pas absolu, car celle-ci a besoin parfois, lorsque la température est très basse (si elle descend au dessous de zéro, par exemple), d'être relevée par un peu de chaleur artificielle. Il est donc prudent de placer dans la serre un appareil de chauffage à vapeur libre (tel que celui qui est employé dans quelques orangeries), système excellent pour toutes les serres à chauffage intermittent. Ce moyen permet de supprimer les paillassons, toujours désagréables a manier par les temps de neige; et puis les plantes se portent mieux, lorsque leur lumière n'est pas interceptée.

Par les temps froids, il suffit d'une heure ou deux de chauffage pour dissiper de l'atmosphère l'humidité qui transporte si facilement la pourriture sur les tiges et à la base des palmiers.

Un tuyau de 7 à 8 centimètres de diamètre, contournant la serre, est suffisant pour mettre le jardinier à l'abri des surprises atmosphériques et des froids persistants.

Contrairement aux palmiers cultivés en pleine terre dans le Midi, ceux-ci, qui réclament la serre froide dans le Nord, demandent à être plantes dans un sol substantiel, léger et bien drainé pour les exemplaires d'une certaine taille (voir chap. II); mais les jeunes sujets peuvent être tenus avantageusement dans la terre de bruyère pure en la renouvelant souvent, car ces plantes l'épuisent très rapidement.

Si on veut éviter le rempotage constant, on peut, pour leur donner une grande vigueur, arroser les jeunes et les vieux palmiers avec une dissolution de *rolle forte*, a 50 grammes pour 100 litres d'eau. Cet arrosage ne doit être donné que tous les quinze jours au plus, et en proportion de la force des sujets.

Les pots destinés à la plantation des palmiers de serre froide ou chaude doivent être d'un tiers plus profonds que ceux ordinairement employés en horticulture; de cette façon, les racines se produisent dans de meilleures conditions.

Quant à la culture, la meilleure et la plus rationnelle est celle que nous indiquons ci-dessus, pour les espèces cultivées à l'air libre dans la zone méditerranéenne.

Si l'amateur veut bien suivre les quelques conseils que nous lui donnons, il s'en trouvera bien, surtout si, ami du progrès, il ne végète pas dans la *routine jardinique*, si funeste en général aux végétaux cultivés en serre, et que les jardiniers, suivant en cela les vieux principes, savent seuls employer sans chercher a améliorer leurs procédés de culture.

DEUXIÈME PARTIE

NOMENCLATURE ET CARACTÈRES DES ESPÈCES CULTIVÉES OU A INTRODUIRE

ACROCOMIA, *Mart.*

TRIBU DES COCOÏNÉES

Caractères botaniques. — Monoïque **sur** le même spadice; spathe simple, lancéolée. Fleurs réticulées. ♂ calice triphyllé, corolle à trois pétales, cylindriques; ♀ calice triphyllé, corolle à trois pétales. Cupule sexdentée à ovaire arrondi. Drupe globuleuse, monosperme, lentiforme à trois pores latéraux. Albumen uniforme, embryon latéral. Stipe élevé, ventru, épineux d'un noir jaunâtre; frondes pinnées, subcrispées.

Acrocomia sclerocarpa, *Mart.*

Syn. — *A. aculeata Lodd.* — *Astrocaryum aculeatum Hort.* *A. sclerocarpum.* *Bactris globosa, Gaertn.* — *Cocos aculeata, Jacq.* — *C. fusiformis Swartz.* — *Geonoma Pohliana, Hort.*

Ce genre a été ainsi nommé par Martius, à cause de l'élégante masse de feuilles pennées, qui

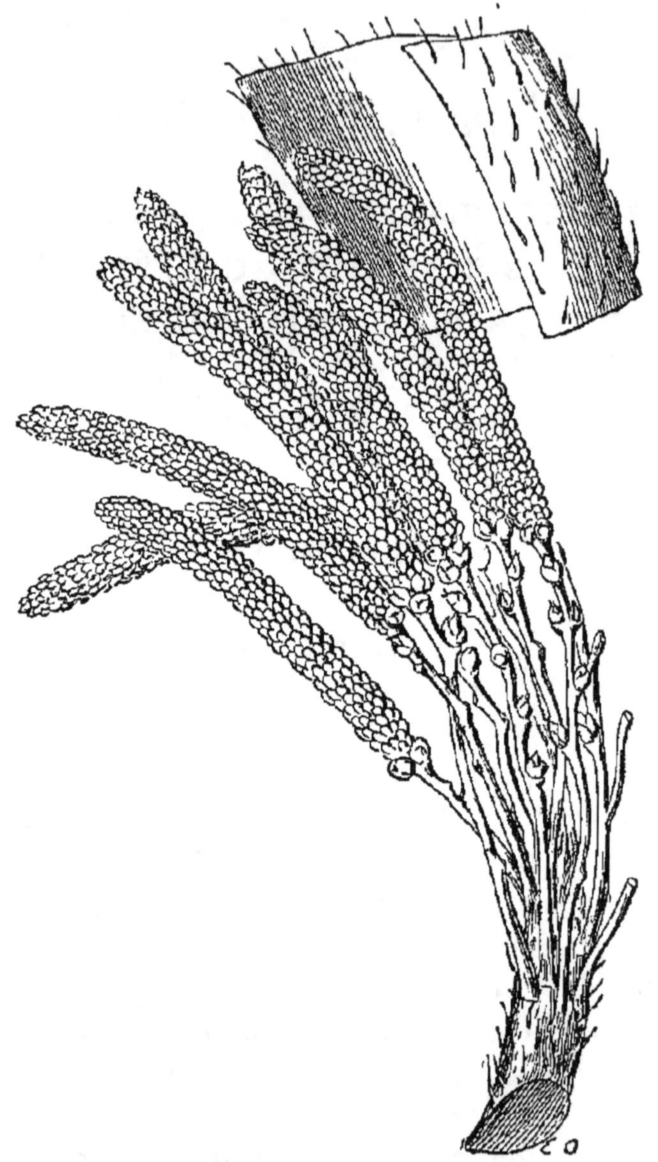

Fig 1. — *Acrocomia sclerocarpa.* — Fragment d'inflorescence, avec une portion de la gaine.

couronne sa tige. L'espèce qui nous occupe, végète en pleine terre au Jardin d'essai d'Alger, où elle atteint une hauteur de 10 à 12 mètres.

Ce palmier, originaire du *Brésil tropical*, de la
Guyane, des Antilles, etc., croît dans les terrains
secs, rarement dans les bois.

Tronc épineux de 10 à 12 mètres de hauteur, de

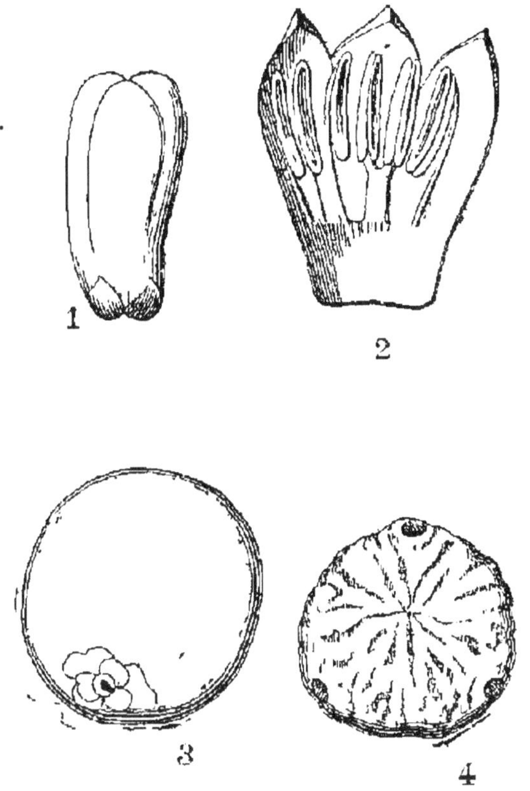

Fig. 2. — *Acrocomia sclerocarpa*. — 1 Fleur — 2 Fleur mâle,
la corolle fendue et étalée. — 3 Fruit. — 4 Graine.

30 à 35 cent. de diamètre. Feuilles longues de 3 à 5
mètres, à pétiole et gaine hérissés de longues épines
noires, portant de chaque côté de 70 à 80 pinnules
linéaires lancéolées.

Superbe espèce, très décorative, qu'il serait peut-
être possible d'introduire dans les cultures du midi
de la France, en lui donnant les mêmes soins
qu'aux Kentia, puisqu'elle végète admirablement

à Alger, où la culture des palmiers épineux est, dit-on, réputée comme étant impossible.

ARECA, *Linn.*

TRIBU DES ARECINEES

Caractères botaniques. — Monoïque sur le même spadice. Fleurs sessiles, bractéolées, les masculines a la partie supérieure du spadice. Spathe double. ♂ calice lacinié, caréné, a pétales ovales, staminé, sexué, pistil rudimentaire. ♀ calice triphylle, corolle à trois pétales, convolutée imbriquée. Ovaire triloculaire à stigmate sessile. Drupe fibreuse, monosperme, à endocarpe mince, soit membraneux soit crustacé. Stipe élancé, rarement arundinacé, gracile, flexueux, annelé, lisse, inerme ou épineux. Frondes terminales, pinnées, pinnules, lancéolées, acuminées, les supérieures confluentes à rachis inerte ou spinescent, pétiole à la base, cylindrique, vaginant.

Areca sapida, *Soland.*

Areca Banksii. — *All. Cunning.* — *Kentia sapida, Mart.* Elégante espèce de la Nouvelle-Zélande. Tige haute de 3 à 5 mètres toujours déjetée, terminée par des frondes cylindriques, flexueuses, engainantes; pinnules lancéolées, longues de 40 cent., à trois nervures saillantes en dessus, jaune roussâtre. A l'état jeune les pétioles sont couverts d'un cendré roussâtre, les feuilles sont d'un vert bronzé.

Dans son pays d'origine, l'île de Norfolk, on le rencontre associé aux *Alsophila excelsa, Freycinetia, Baueriana, Phormium, Araucaria,* etc.

C'est assurément l'un des plus beaux palmiers que l'on connaisse, surtout quand il est jaune.

On en récolte des graines fertiles, dans plusieurs jardins de Nice et du golfe Juan, près de Nice. Il prospère également en Algérie, dans quelques parties de l'Espagne, en Portugal, et il a été introduit depuis longtemps en Égypte.

Quoique végétant vigoureusement dans les terres les plus fertiles, il se contente également des sols les plus ingrats, pourvu que les irrigations ne lui fassent pas défaut, durant la saison sèche.

On cultive également l'*A. Baueri*, Hook. fil., qui est moins rustique.

ARENGA, *Labill.*

TRIBU DES ARÉCINÉES

Caractères botaniques. — Monoïque mais distinct sur le spadice. Spathe pédonculée, oblique incomplète. Fleurs a bractées ou bractéolées; ♂ calice triphyllé, à folioles imbriquées, à trois petales. Etamines indéfinies, anthères linéaires cuspidées. Pistil rudimentaire nul. ♀ calice triphyllé, convoluté imbrique, corolle à trois pétales. Etamines rudimentaires nulles. Ovaire triloculaire, solitaire, à trois stigmates coniques. Drupe ligneuse à embryon central.

Stipe gros, élevé, à pétioles irreguliers, annelés, persistants, fibreux. Frondes terminales, réticulées, fibreuses, rigides, noirâtres, à pinnules d'un vert sombre ou vert pâle, denticulées, bilobées.

Arenga saccharifera, *Labill.*

Syn. — *Saguerus saccharifer, Blum.* — *Borassus gommutus, Louw.* — *Caryota onusta, Kunth.*

Espèce originaire de l'archipel Indien, cultivée dans l'île de Malacca, Siam, Cochinchine, et transportée dans plusieurs régions de l'Asie tropicale.

Ce palmier, utile à cause du sucre qu'il donne, croît dans les régions elevées de Java à 500 et 800 mètres d'altitude.

Tronc haut, de 15 a 20 mètres, garni, de bas en haut, à l'intersection des anciennes tiges, de fibres utilisées dans la fabrication des cordages, etc. Frondes de 7 à 8 mètres portant des pinnules inertes

Fig. 3. — *Arenga saccharifera.* — 1. Port. — 2. Fleur lors de l'anthèse. — 3. Graine.

linéaires, uniformes; argentées en dessous, tronquées au sommet et souvent dentelées avec deux oreillettes à la base. Espèce très ornementale, prenant un développement gigantesque.

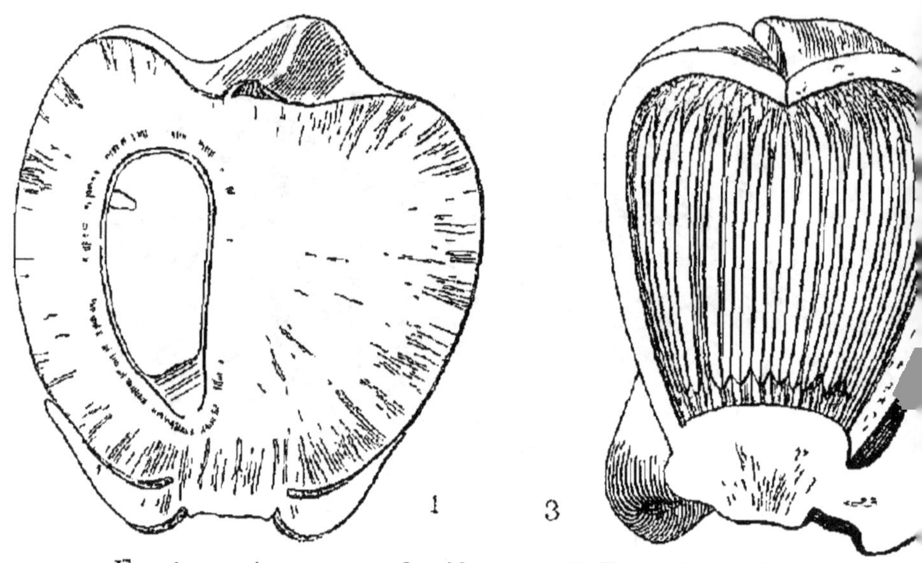

Fig. 4. — *Arenga saccharifera.* — 3. Fruit (coupe longit.).
1. Fleur mâle (coupe longit.).

Végète en Algérie, au jardin du Hamma, où il est très abrité. Nous ne pensons pas que cette espèce

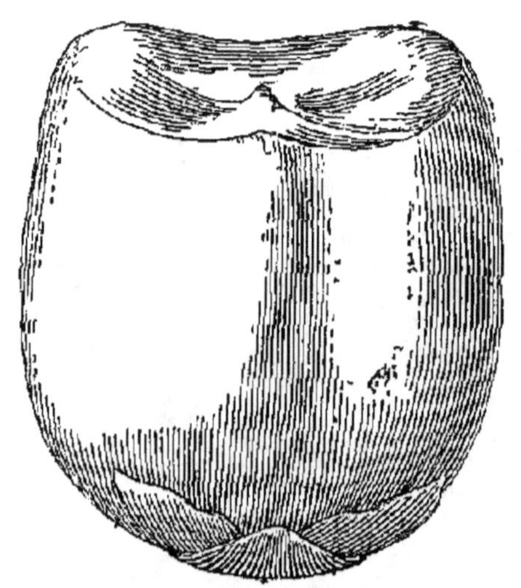

Fig. 5. — *Arenga saccharifera.* Fruit.

Fig. 6. — *Borassus flabelliformis*. 1. Port. — 2. Inflorescence mâle.

PALMIERS DE SERRE FROIDE.

4

de palmier puisse s'ajouter à celles déjà cultivées dans le Midi. On la trouve également dans quelques jardins d'Egypte. Le Muséum d'histoire naturelle, a Paris, en possède un bel exemplaire.

Comme plante d'appartement, l'*A. saccharifera* pourrait être avantageusement utilisé.

BORASSUS, *Linn.*

TRIBU DES BORASSINÉES

Caractères botaniques. — Dioique. Spadice au nombre de plusieurs, a spathe incomplète. Fleurs bracteolées. ♂ cylindriques formant une masse dense, imbriquée. Calice trifide; corolle tripartite. Étamines filamenteuses a base connée et anthères sagittees. ♀ minces denses squameuses, solitaires bractéolées. Ovaire triloculaire, rarement bi ou quadriloculaire. Stigmates au nombre de trois, rarement deux ou quatre, sessiles.

Drupe à sarcocarpe charnu, fibreux.

Stipe élancé, annelé.

Frondes terminales, à pétioles spinescents. Feuilles arrondies, flabelliformes, laciniées, bifides.

Fig 7. — *Borassus flabelliformis.* Sommet d'une inflor. mâle.

Borassus flabelliformis, *Linn.*

Syn. — *B. Ætiopum, Mart. — Lontarus domesticus Rumph.*

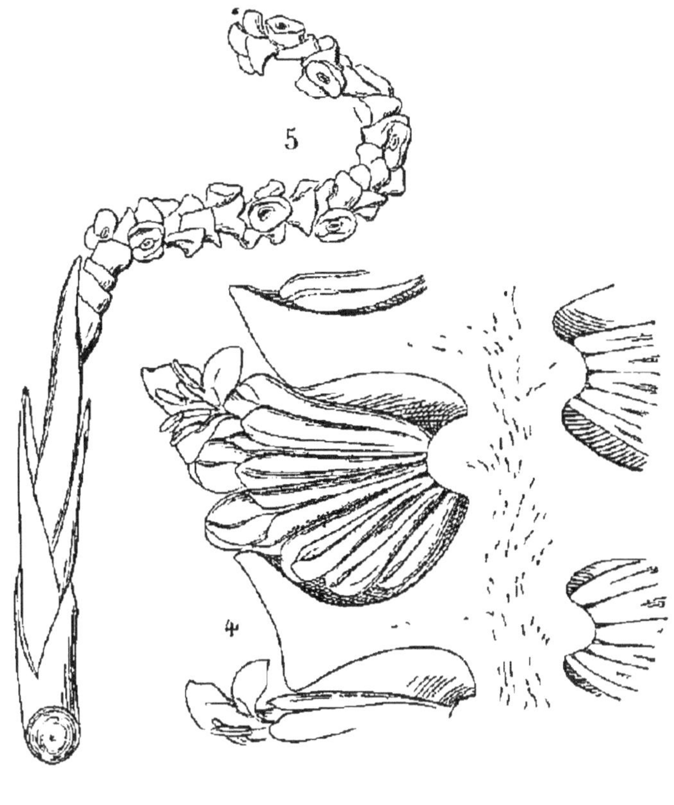

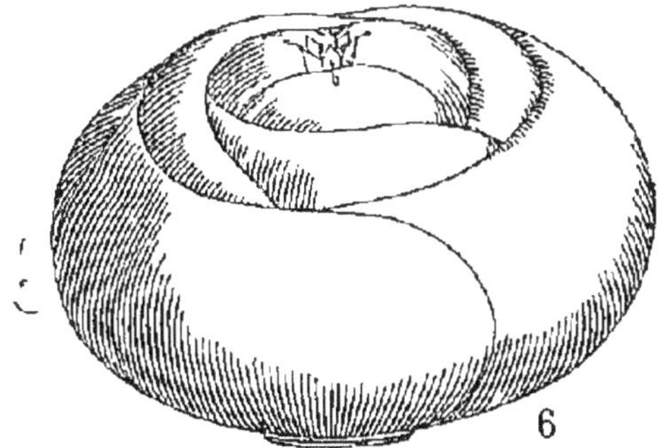

Fig. 8 — *Borassus flabelliformis* — 4. Fragment d'inflorescence mâle, coupe longit. — 5. Inflorescence femelle (les fleurs ont été arrachées du fond de leur cupule. — 6. Fleur femelle.

Tronc à colonne annelée, atteignant une hauteur de 20 a 30 mètres et un diamètre assez fort. Feuilles fendues en éventail, d'une longueur moyenne de trois mètres (y compris le pétiole), linéaires-lancéolées, a nombreuses divisions et formant au sommet de l'arbre une cime volumineuse.

Ce palmier est très abondant dans les îles de la Sonde et aux Indes orientales ; il végète presque toujours dans les lieux arides et sablonneux.

Ce beau végétal. qui fut, autrefois, très cultivé au Jardin d'essai d'Alger (pour l'exportation), semble avoir été abandonné par les amateurs. Il en existe cependant à Alger un bel exemplaire, en pleine terre, sur lequel, chaque année, on récolte un assez grand nombre de graines. Il pourrait certainement être acquis à la culture dans le midi de la France, s'il ne l'est dejà.

BRAHEA, *Humb. et Bonp.*

TRIBU DES CORYPHINÉES

Caractères botaniques. — Hermaphrodite. Spathe incomplète à la base. Fleurs a bractées et bractéolées. Calice triphyllé, foliolé, imbriqué. Corolle tripartite. Étamines sexuées, filamenteuses, cupulées, hypogines, connées, à anthères cordées, ovales. Pistils au nombre de trois. Style prismatique-conné, à stigmate simple. Baie ternée, a albumen solide, à embryon dorsal.

Stipe médiocrement élevé. Frondes flabelliformes, palmées, multifides ; à pétioles épineux

Brahea calcarea, *Lieb*.

B. Espèce propre aux montagnes calcaires environnant Mexico, très différente du *B. dulcis*. Stipe élevé, cylindrique, renflé à la base, haut de 20 mètres; pétioles marginés, glabres, portant des feuilles flabelliformes-multipartites, plissées, bifides, s'inclinant gracieusement.

Cet élegant végétal n'est pas encore introduit dans les cultures de la Provence, mais y figurait avec avantage, à côté des autres espèces de ce beau genre, si rustique.

L'horticulture pourrait facilement se procurer ce palmier, qui serait assurément de facile culture dans la région de l'Oranger.

B. Dulcis, *Mart.*

Syn. — *Corypha dulcis Humb. et Bonp.* — *C. frigida Lodd.* — *Thrinax tunicata Hort.*

Espèce très cultivée dans le midi de la France : son stipe couché peut atteindre de 3 à 5 mètres. Feuilles terminales, en éventail, très grandes, à pétioles longs de 1 m. 50; glauques en dessous, formant un ensemble des plus décoratifs.

Originaire des vallées tempérées et abritées du Mexique où il croît jusque dans la région du Chêne.

Cette espèce demande à être plantée dans des terrains secs, où les irrigations ne soient pas trop copieuses. Dans ces conditions, et si on a eu soin de l'arroser légèrement dans sa jeunesse, il s'établit rapidement et forme un des plus beaux ornements des jardins.

M. Ch. Pfrimmer, à Misserghin près d'Oran, en a

planté un exemplaire, il y a sept ou huit ans, ne possedant que deux feuilles ; il atteint aujourd'hui quatre mètres, et orne admirablement un parterre, placé près de sa demeure.

Dans sa jeunesse, ce beau palmier a une végétation lente, *désespérante même*, surtout s'il est cultive en pot ; mais, s'il est livré à la pleine terre, il prend très rapidement un développement considérable.

On s'en procure facilement des graines, par les *horticulteus* ou *jardiniers* mexicains, qui ne demandent pas mieux que de les expédier en Europe, moyennant un paiement, qui varie, entre 10 et 15 francs les 1000 graines.

Leur durée germinative est de un an et plus, et leur germination s'opère en deux ou trois mois, selon qu'elles sont plus ou moins fraîches.

B. Rœzlii, *Wendl.*

Syn.   *Erythea armata, Wats.*

Espèce ayant quelque analogie avec le *B. dulcis*, mais atteignant une grande hauteur (8 à 10 mètres). Les feuilles énormes, en éventail, sont remarquables par leur coloration argentée bleuâtre, sur les deux faces.

De même que le *B. dulcis*, ce palmier se complaît dans les situations ensoleillées et ne craint pas la sécheresse des étés du Midi.

Il est d'un grand effet ornemental, lorsqu'il a acquis un certain développement. Dans la région méditerranéenne, on le plante habituellement dans les pelouses. Jusqu'à présent sa multiplication n'a pu s'opérer que par les graines venues du pays d'origine (la Californie) et qui mettent parfois un an à germier, à cause du long voyage. Mais on nous annonce la floraison d'un exemplaire dans un jardin du Golfe Juan ; espérons qu'il donnera des fruits fertiles.

CARYOTA, *Linn.*

TRIBU DES ARÉCINÉES

Caractères botaniques. — Monoique sur le même spadice. Spathe incomplète, pédonculée. Fleurs

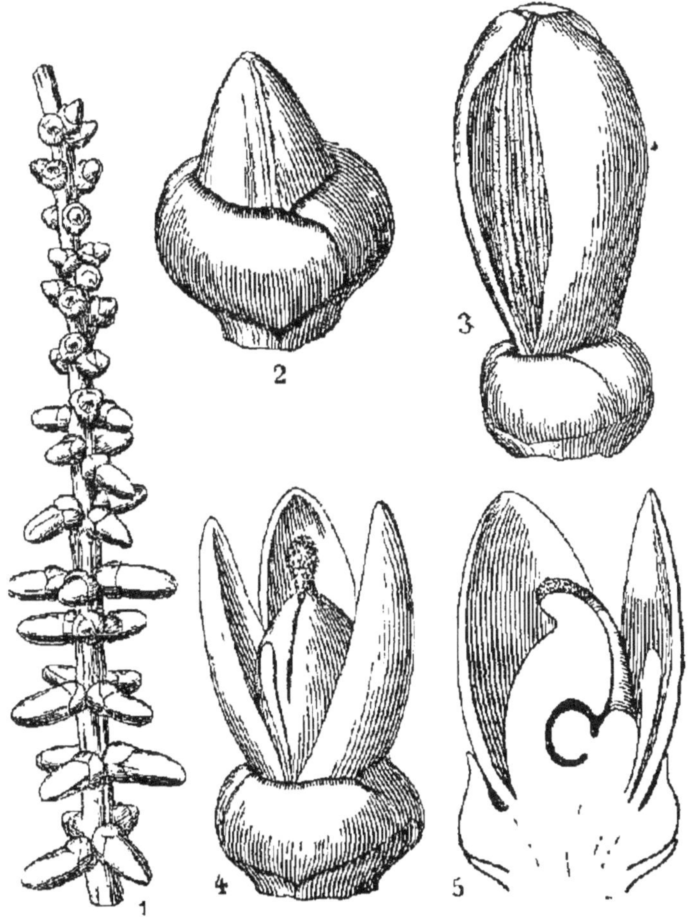

Fig. 2 — *Caryota* — 1. Fragment d'inflorescence. — 2 Bouton. — 3 Fleur mâle. — 4. Fleur femelle. — 5. Fleur femelle (coupe longit.).

Fig. 10. — *Caryota Cumingii*. Port.

sessiles a calice triphyllé, imbriqué. Corolle profonde, tripartite. ♂ étamines linéaires, pistil rudimentaire nul. ♀ étamines claviformes, a pistil simple, ovaire au nombre de trois, angulaires, opposées ou nulles. Baie monosperme ou disperme, à albumen charnu. Stipe érigé, annelé. Frondes terminales, amples, d'un vert sombre, pétiole à base vaginante, bipenné. Pinnules triangulaires cunéiformes, terminales, flabellées confluentes.

Caryota Cumingii, *Lodd. et Miq.*

Syn. — *Caryota urens, L.*

Le nom spécifique de cet arbre lui vient de la sensation brûlante que cause la chair de son fruit, lorsqu'on veut le manger.

Tronc droit, légèrement annelé, cylindrique, atteignant jusqu'à 20 mètres de hauteur sur 40 à 50 centimètres de diamètre. Feuilles ascendantes bipennées, mesurant 5 mètres et plus de longueur, sur trois à quatre de largeur, à pinnules triangulaires obliques et dentelées inégalement en avant.

Cette espèce est très répandue dans les régions montagneuses de l'Inde tropicale, au Bengale, au Malabar, en Cochinchine, aux Moluques, etc.

Il croît admirablement au Jardin d'essai, où son tronc atteint actuellement une quinzaine de mètres de hauteur ; il y fructifie très abondamment chaque année. Malheureusement pour la décoration des jardins, ce beau genre semble avoir été délaissé par les amateurs, car on ne le cultive pour' ainsi dire plus que dans quelques serres de jardins botaniques. Nous croyons que, dans certaines parties abritées du midi de la France, cette espèce trouverait facilement son emploi dans l'ornementation pittoresque des jardins.

C. Mitis, *Lour.*

Cette espèce, propre aux Indes orientales (Cochinchine), est assurément une des plus belles. On la rencontre dans les lieux humides et abrités des grands vents.

Tronc droit, annelé, haut de 15 mètres et plus, terminé par des frondes gigantesques (8 a 9 mètres de long), à pinnules cunéiformes obliques.

Résiste parfaitement sous le ciel d'Algérie, ou il est cultivé dans les lieux abrités et humides. Fructifie abondamment chaque année, mais on multiplie peu cette espèce, qui, comme la précédente, n'est plus utilisée dans la décoration des jardins.

C. Rumphiana, *Mart.*

Syn. — *Saguaster major, Rph.* — *Caryota urens, Linn.*

Tige élevée, de 12 à 15 mètres. Frondes longues de 5 a 6 mètres, a pinnules membraneuses-coriaces. Il croît dans les lieux humides et abrites des îles Célèbes, Amboine, Moluques, etc.

Palmier des plus elégants, végétant admirablement en Algérie et en Egypte. Avec quelques soins et des abris en hiver, il pourrait se cultiver en pleine terre dans le midi de la France.

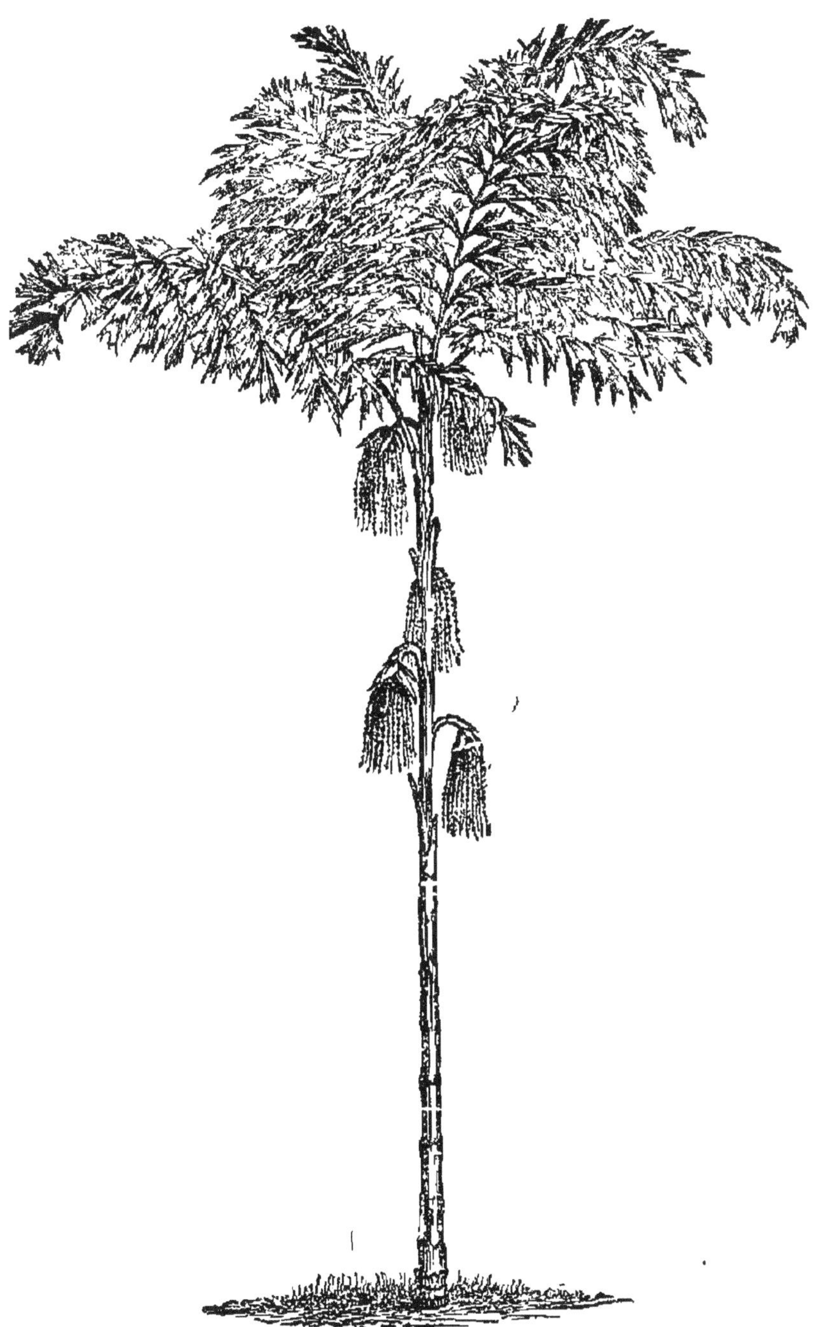

Fig. 11. — *Caryota sobolifera.* Port.

C. Sobolifera, *Wall.*

Syn. — *Drymophlæus zippellii, Wall.* — *Caryota urens, Jacq.*

Cette espèce a quelques affinités avec la précédente, mais elle est peut-être moins délicate. Elle croît dans les lieux elevés de la presqu'île de Malacca et dans quelques parties de la Malaisie.

Au Jardin d'essai du Hamma, à Alger, on en voit plusieurs beaux exemplaires, qui fructifient abondamment chaque année. Bonne espèce a introduire dans les cultures du midi de la France, elle sera rustique moyennant quelques abris en hiver.

CEROXYLON, *Humb.*

TRIBU DES ARÉCINÉES

Caractères botaniques. — Monoique et dioique. Spadice rameux. Fleurs pedicellees, bractéolees. Spathes pluriflores complètes, calice tripartite, a corolle tripétalee. ♂ étamines (9 a 15) a anthères, bifides, érigées. Pistil rudimentaire. ♀ étamines à anthères nulles ou affectées. Ovaire a trois loges (une ou deux avortées). Stigmates au nombre de 3. Baie monosperme, charnue, grumeuse. Stipe très elevé. Fronde pinnée, tomenteuse en dessous, blanche en dessus.

Ceroxylon andicola, *Humb. et Boupl.*

Syn. — *Beethovenia cerifera, Engel.* — *Iriartea andicola, Spreng. C. Klopstokia, Mart.*

Arbre superbe, pouvant atteindre soixante mètres

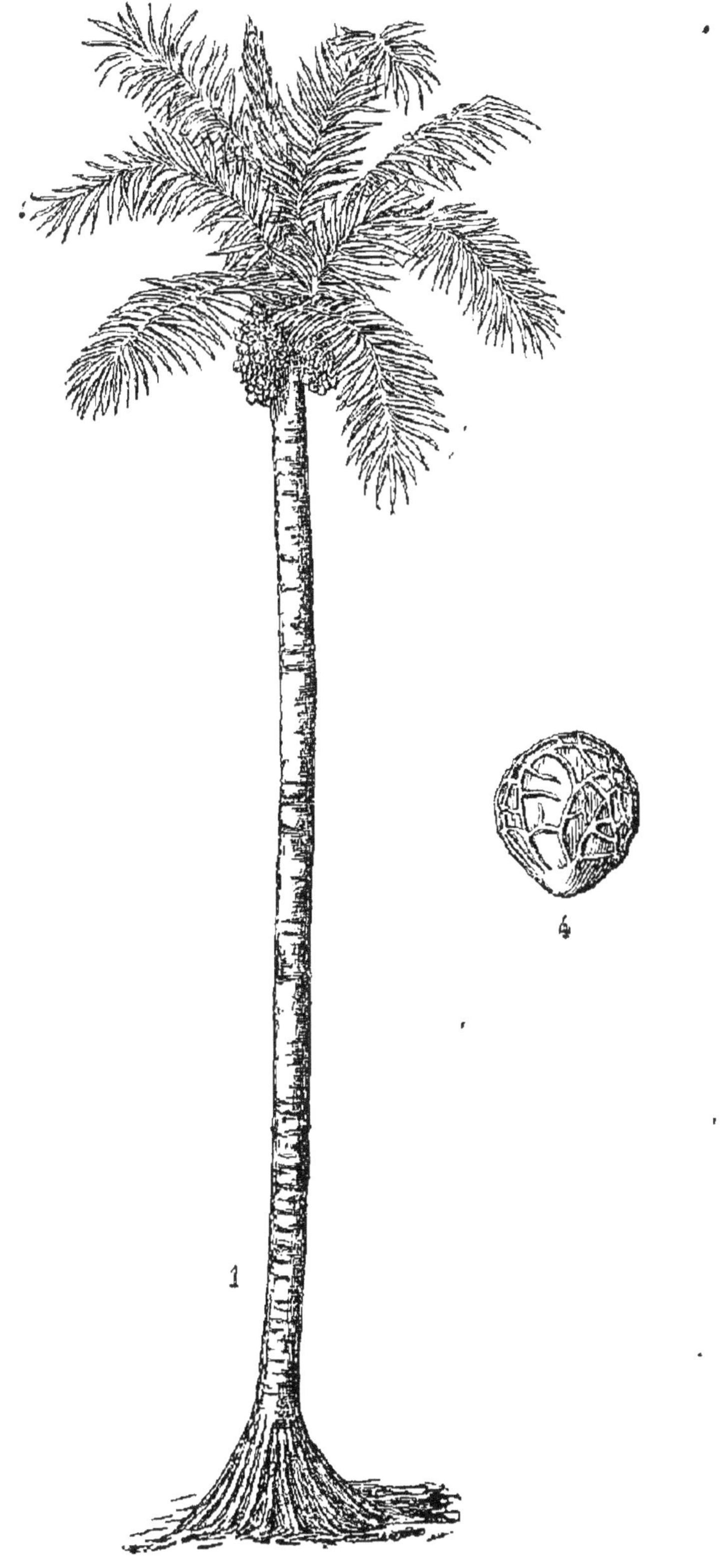

Fig. 12. — *Ceroxylon andicola.* — 1. Port. — 4. Graine avec partie de l'endocarpe adhérente sous forme de tractus fibreux.

de hauteur; le tronc prend un développement de
40 à 50 centimètres de diamètre; comme chez beau-

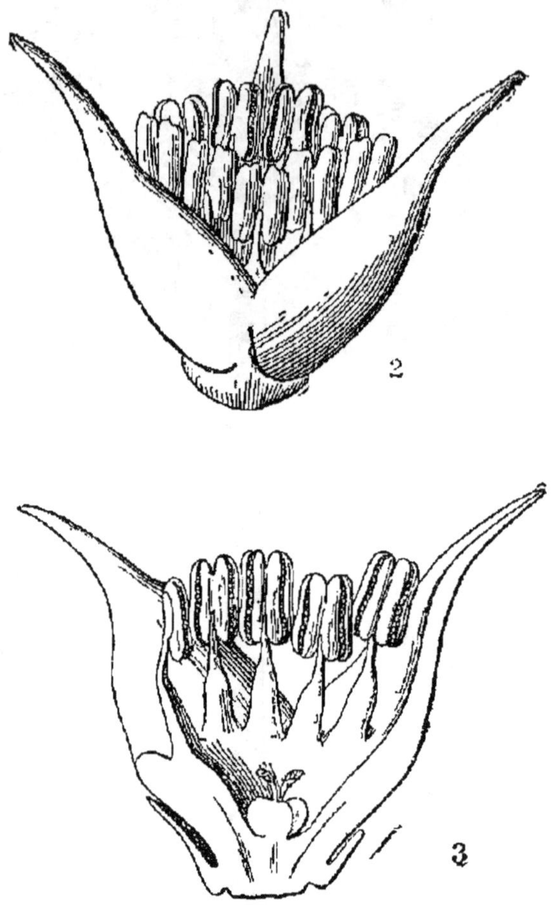

Fig. 13. — *Ceroxylon andicola* — 2. Fleur mâle. — 3. Fleur
mâle (coupe longit.).

coup d'Arécinées, il est marqué d'anneaux résultant
de la chute des feuilles; celles-ci ont de 7 à 10 mètres
de longueur, a pinnules coriaces linéaires, bifides
au sommet, couvertes, en dessous et sur le pétiole,
d'une poudre d'un blanc d'argent.

Ce palmier se rencontre sur les plateaux élevés des
Andes méridionales du Pérou, jusqu'à des altitudes

très élevées (2500 et 3000 mètres au-dessus de la
mer).

Cette belle espèce est cultivée dans quelques jardins du midi de la France. en Italie et en Algérie.
Elle n'est pas difficile sur la qualité du sol, mais
réclame des arrosages fréquents pendant la saison
sèche.

Jusqu'a présent, on n'en a pas encore signalé la
fructification, même dans les cultures algériennes :
ce serait a desirer, car les graines provenant du pays
natal sont, la plupart, infertiles ou gâtées a leur arrivée.

Mériterait d'être plus répandu, à cause de ses
grandes qualités ornementales.

CHAMÆDOREA, *Willd.*

TRIBU DES ARÉCINÉES

Caractères botaniques. — Dioique. Spathes nombreuses, membraneuses, compressées, persistantes.

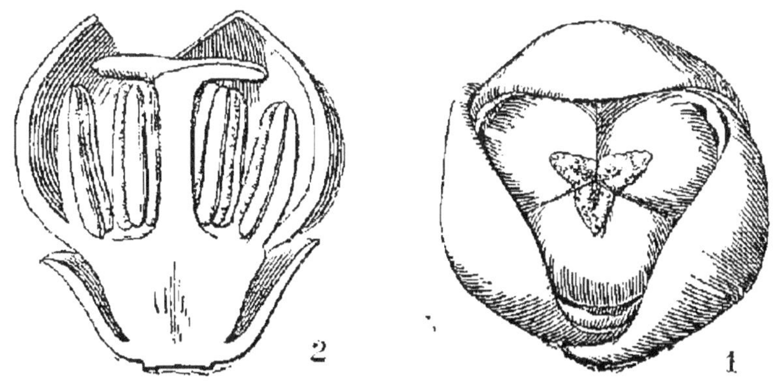

Fig. 14. — *Chamædorea.* — 1. Fleur femelle, vue par en haut —
2. Fleur mâle (coupe longitudinale).

Fleurs sessiles à bractées. ♂ calice cupule, tripartite,
à corolle tripétalée, staminée, à pistil rudimen-

taire. ♀ calice cupulé, tripartite, corolle tripétalée, connivente, concave. Ovaire triloculaire deux loges abortives. Fruit monosperme a albumen solide uniforme, embryon latéral.

Stipe nain, arundinace, annelé, lisse ; frondes latérales et terminales à pétioles vaginant, plissées.

C. elegans. *Mart.*

Syn. — *C. Halleriana, Klztch. — Kunthia Deppeana, Klztch. — Collinia, Liebm.*

Palmier très élégant à cause de son tronc élancé bambusiforme, annelé, haut de 3 mètres, et ses frondes pennées, glaucescentes, longues de 1 m. 50, au nombre de huit a neuf.

Originaire du Mexique, cette espèce s'est admirablement naturalisee en Algérie, ou elle forme des touffes énormes ; il en est du reste de même dans le midi de l'Europe.

Cet elégant vegétal réclame de copieuses irrigations pendant les chaleurs de l'été.

Il atteint 3 a 4 mètres de hauteur.

Le **C.** elatior *Mart.* a les mêmes affinités. Il est très rustique dans la région du littoral algérien.

C. Ernesti-Augusti, *Wendl.*

Syn. — *C. simplicifrons, Hort. — Eleutheropetalum, Œ. st. — Morenia, Wendl.*

Tige grêle, a entre-nœuds très rapprochés, haute de 1 a 2 mètres, couronnée par huit à dix feuilles larges et profondement echancrées, formant deux lobes d'un vert fonce.

Cette espèce forme des touffes énormes, très orne-

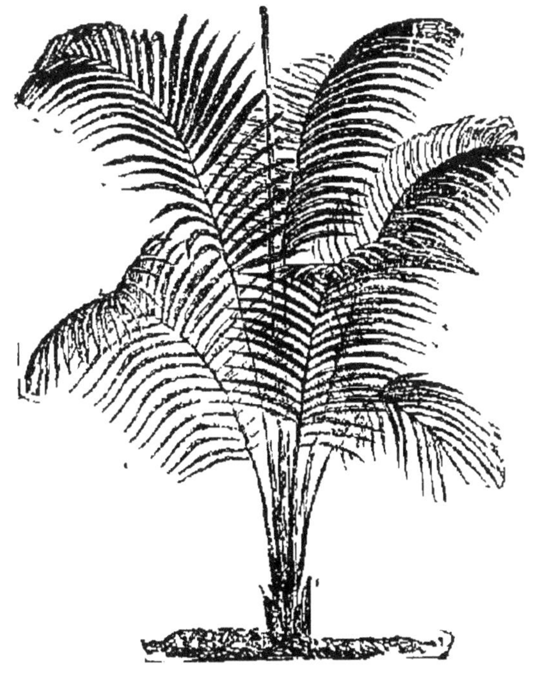

Fig. 15. — *Chamædorea elegans.*

mentales ; et demande des irrigations copieuses, pendant la saison sèche.

Originaire du Mexique (régions montagneuses).

C. Gracilis, *Mart.*

Syn. — *Borassus pinnatifrons, Jacq.*

Espèce originaire du Brésil, croissant dans les
lieux humides et ombragés. Tronc grêle, terminé par
une touffe de feuilles, portées par des pédoncules
cylindriques. L'ensemble est d'une grande élégance.

Ce palmier n'existe pas dans les jardins du midi de
la France, mais nous l'avons possédé en pleine terre
dans nos collections d'Algérie, où il faisait merveille.

Le siroco le faisait un peu souffrir, mais, dans les jardins du Midi, on n'aurait pas cet inconvénient.

CHAMÆROPS, *Linn.*

TRIBU DES CORYPHINÉES

Caractères botaniques. — Polygame-dioïque. Spathe incomplète, spadice très rameux. Fleurs sessiles, pédicellées, bractéolees. Calice tripartite, corolle a trois pétales obovales. ♂ etamines sexuées à filaments inférieurs soudés, anthères linéaires oblongues à base cordée. ♀ étamines sexuées, filamenteuse à base soudee; anthères linéaires oblongues a base cordée. Pistils au nombre de trois à quatre, stigmates sessiles. Baies plus ou moins charnues, ovales.

Stipe élevé ou acaule, dont les frondes persistent depuis la base. Frondes amples, terminées par des feuilles palmées-multifides, rigides, laciniées.

C. humilis, *Linn.*

Syn. — *C. arborescens, Mart.* — *Chamæriphe major et minor, Gaertn.* — *Phœnix humilis, Cavant.*

Tige atteignant un mètre, mais il en existe des exemplaires hauts de 6 à 7 mètres, lorsqu'ils sont abrités du vent. Feuilles en éventail, aux contours généralement arrondis, palmées, multifides, d'un vert grisâtre; pétiole armé de piquants.

Cette plante se rencontre abondamment dans l'Afrique du Nord, en Asie occidentale et dans l'Europe méridionale. Les horticulteurs en ont obtenu une foule de variétés, dont quelques-unes sont très remarquables, entre autres : les *C. elegans, tomentosa, nivea, robusta, arborea, Canariensis,* etc.

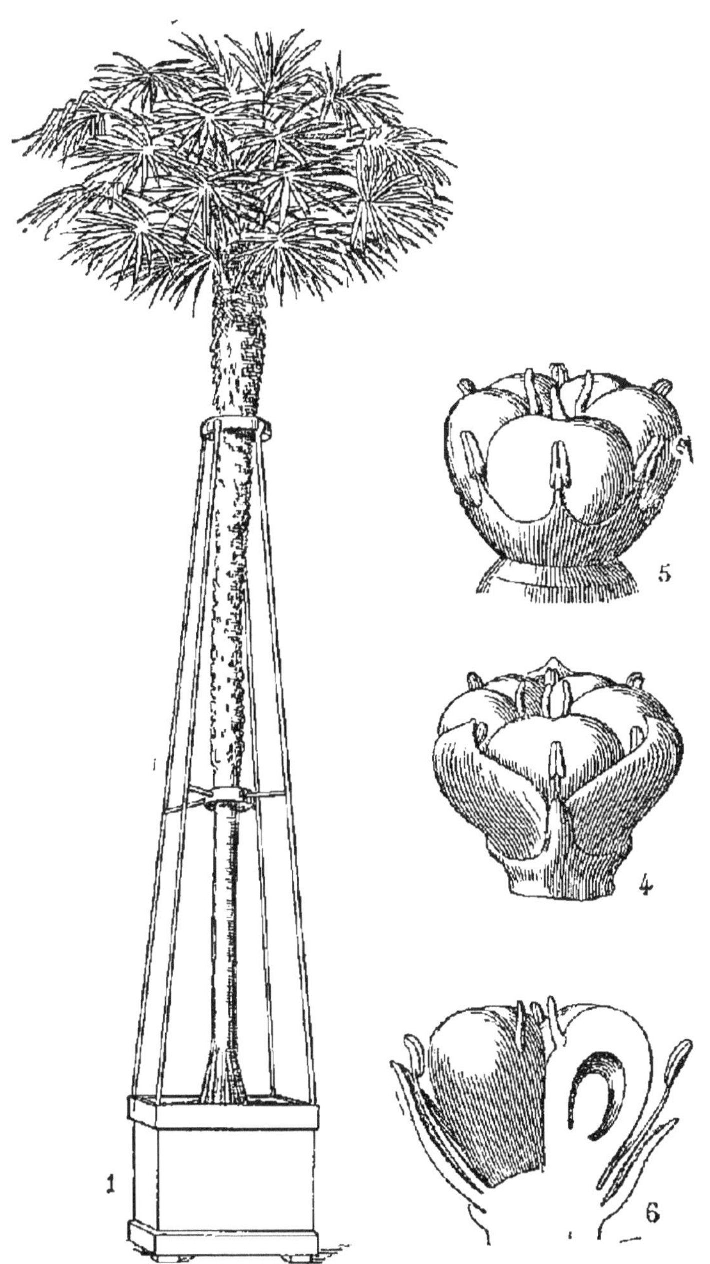

Fig 16.— *Chamærops humilis.*— 1. Port.— 4. Fleur femelle.— 5. Fleur femelle (perianthe enleve). — 6. Fleur femelle (coupe longitudinale).

Cette espèce est le seul représentant en Europe de cette famille essentiellement tropicale. Sous sa petite

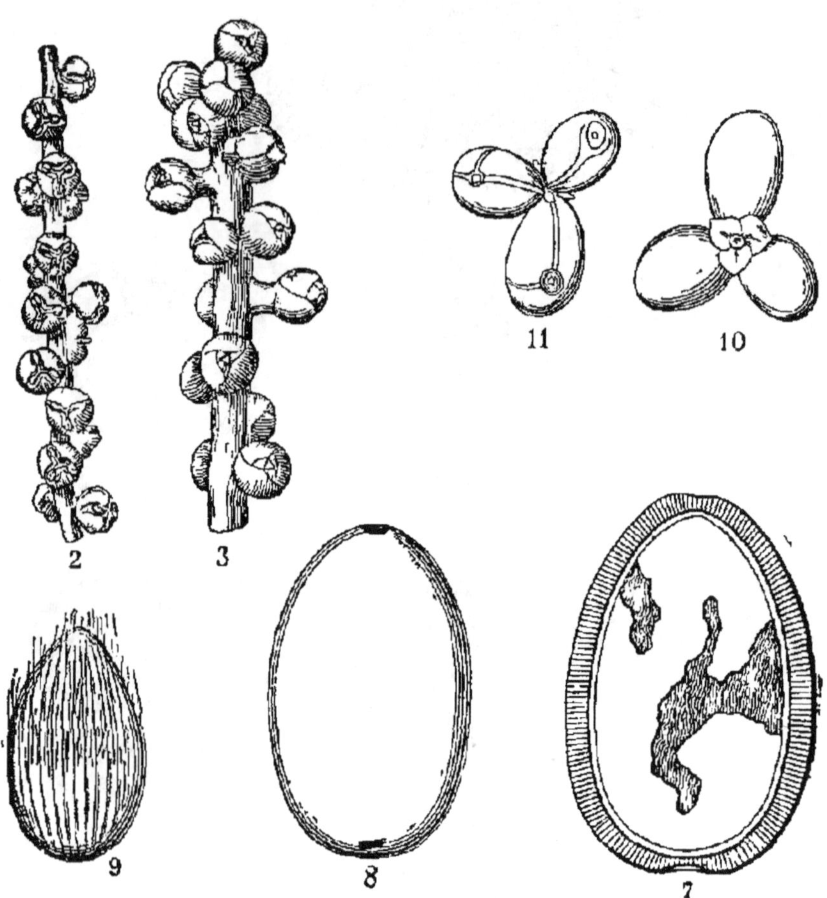

Fig 17 — *Chamærops humilis* — 2. Fragment d'inflorescence mâle.— 3 Fragment d'inflorescence femelle. — 7 Fruit (coupe longit). — 8. 9 Graine isolee.— 10. Fruit provenant du developpement anormal de trois carpelles.— 11. Id., vu par la face inférieure.

taille il est éminemment élégant, par ses feuilles et par ses fruits ellipsoïdes, de la couleur d'une jujube. Il ne redoute ni le froid, ni la sécheresse, mais il ne résiste pas à l'humidité du nord de la France.

Ce petit palmier se multiplie aisément de graines,

qu'il donne en abondance. On prétend qu'on peut le propager des rejetons qui naissent autour de sa tige principale. Le mieux est assurément le semis, qui réussit toujours et donne des plantes plus robustes.

C. Cochinchinensis, *Lour*.

Syn. — *Rhapis, Bl.*

Stipe peu elevé, un peu plus gros que chez les Rhapis, pétiole épineux, droit; feuilles flabelliformes, laciniées, oblongues, obtuses.

Cette espèce, propre à la Cochinchine, craint l'humidite; serait certainement rustique dans certaines parties sèches du littoral méditerranéen.

C. excelsa, *Thunb*.

Syn. — *Trachycarpus, Wendl*.

Tige de plus de 8 mètres, couronnée par de belles feuilles orbiculaires glauques, portées par des pedoncules longs de 40 à 50 cent. Cette espèce est très connue et végète en pleine terre, jusque sous le climat de Paris. Au Jardin du Hamma, on peut voir une avenue, entièrement bordée de cette intéressante espèce.

C. Fortunei, *Hook*.

Syn. — *Trachycarpus, Wendl*.

Cette plante offre beaucoup d'analogie avec la précédente; mais, si elle n'en est qu'une variété, elle est plus avantageuse, en ce que ses anciennes feuilles se conservent plus longtemps; elle est aussi plus vigoureuse, ses pétioles sont plus longs et plus gros, les divisions de l'éventail plus larges. Originaire de la Chine.

Le **C. Martiana**, *Wallich*, est une autre espèce tout

Fig. 18. — *Chamærops caæsa.*

aussi intéressante, très belle, originaire du Népaul, où elle croît sur les montagnes arides.

C. Hystrix, *Fras.*

Syn. — *Rhapidophyllum.* — *Sabal hystrix, Nutt.* — *Rhapis arundinacea, Ait.* — *Chamærops arundinacea, Smith.*

Tige haute de 1 à 2 mètres, hérissée d'épines

longues de 8 à 10 cent. Feuilles peltées, portées par des pedoncules épineux.

Cette espèce propre aux lieux arides de la Géorgie est extrêmement rustique dans le Midi et du reste dans toute la région méditerranéenne. Fructifie chaque année au Jardin du Hamma, où cette plante est cultivée depuis une trentaine d'années.

C. Ritchiana, *Griff*.

Syn. — *Nannorhops. Wendl.*

Stipe haut de 2 à 3 mètres, couvert de bas en haut de fibres très tenaces. Feuilles flabelliformes, d'un beau vert, portées sur un pédoncule de 1 mètre de longueur, épineux, un peu raide ; mais l'ensemble de cette espèce est des plus élégants.

Ce palmier provient des montagnes arides de l'Afghanistan, et se montre, paraît il, rustique jusque sous le climat de Londres ; il croît très lentement, et ne réclame, pour ainsi dire, aucuns soins. Ses graines germent rapidement, mais les sujets sont lents a ce développer.

C. serrulata, *Wendl*.

Syn. — *Sabal Rom. Schult.*   *Chamærops, Hort.*

Stipe élancé, de faible hauteur, 2 à 3 mètres, garni, comme toutes les espèces du genre, d'une sorte d'étoupe fibreuse, très solide. Feuilles assez larges, d'un vert glauque, bleuâtre, des plus remarquables.

Originaire de la Floride et de la Géorgie, cette belle espèce est depuis longtemps introduite dans quelques collections de la Provence ; malheureusement, les amateurs ne la multiplient pas selon ses mérites. Très rustique, très ornementale.

COCOS, *Linn*.

TRIBU DES COCOÏNÉES

Caractères botaniques. — Monoïque sur le même spadice. Spathe simple. Fleurs sessiles bractéolées. ♂ calice triphyllé à corolle tripétalée, staminée, à pistil rudimentaire. ♀ calice triphyllé à corolle tripétalée, convolutée ; ovaire triloculaire, à trois stigmates sessiles. Drupe monosperme à trois pores latéraux. Embryon latéral.

Stipe élevé ou nain, inerme, annelé, flexueux ou non. Frondes terminales, longues, pinnées, à pétioles amplexicaules, plus ou moins fibreux ; pinnules acérées à la base, pendantes au centre et à l'extrémité supérieure.

Cocos australis, *Mart.*

Syn. — *Diplothemium campestre, Hort.*
Cette espèce est d'un port gracieux, mais s'élève peu (6 à 7 mètres, y compris les frondes). Elle forme une élégante gerbe de belles feuilles, longues de 3 à 4 mètres, dont le pétiole flexueux et recourbé au sommet porte des pinnules qui atteignent de 60 à 80 centimètres de longueur.

Il végète très bien dans le Midi et en Algérie, où il fructifie chaque année. Ses fruits, jaunes ou rouges, assez gros pour l'espèce, ont la pulpe charnue, parfumée. A Nice, à Cannes, à San Remo, on les sert sur la table comme fruits de fantaisie ; ils ont le parfum de l'*Ananas*. La rusticité de ce palmier est presque égale à celle du *Chamærops excelsa*, mais il croît lentement. Ne craint pas les endroits exposés aux grands vents. Au Jardin d'essai d'Alger, on en possède un exemplaire, âgé d'une trentaine d'années, qui fructifie abondamment. Ses graines depuis bien des années ont servi a le multiplier, et on peut évaluer à plusieurs milliers d'exemplaires ceux qui ont été exportés par ce célèbre établissement, dans toute la région méditerranéenne.

Au point de vue de la décoration des appartements cette belle espèce est, sans contredit, une de celles qui s'accommodent le mieux de l'air vicié des pièces habitées.

C. datil, *Gr. et Dr.*

Stipe pouvant atteindre 10 mètres, sur 30 cent. de diamètre. Feuilles amples, longues de 4 à 5 mètres, portant de nombreuses pinnules longues de 30 à 40 centimètres.

Croît dans la République Argentine, au Brésil; c'est assurément l'espèce, avec le *C. Yatay*, qui paraît la plus rustique et demande le moins de soins.

En Algérie, on en forme de superbes avenues, qui ne demandent que quelques arrosages de loin en loin. Il fructifie abondamment, et ce n'est que depuis quelques années que sa culture se répand dans le Midi, où il résiste a 3 ou 4 degrés de froid.

C. campestris, *Mart.*

Stipe haut de 6 à 8 mètres, emettant 6 à 10 feuilles à la fois, longues de 1 m. 50 à 2 mètres, à pinnules nombreuses, longues de 20 à 25 centimètres.

Belle espèce, végétant admirablement sur le littoral méditerranéen, ce qui n'a rien d'extraordinaire, puisqu'elle croît sur les montagnes élevées du Brésil.

Fructifie en Algérie.

Nous ignorons si cette belle plante est introduite en Provence ; mais si elle ne l'est pas encore, il est désirable qu'elle le soit bientôt, car c'est certainement un des plus beaux palmiers que nous connaissions.

C. coronata, *Mart.*

Stipe haut de 6 à 10 mètres, sur 20 à 25 centimètres de diamètre, droit, lisse ; termine par une belle couronne de feuilles pétiolées, longues de plus de 3 mèt., régulières, à pinnules imbriquées. L'ensemble est des plus décoratifs, et forme un des plus beaux orments du Jardin d'essai d'Alger.

Malheureusement cette espèce, originaire du Brésil méridional, est un peu plus délicate que la précédente, et ne peut sérieusement se complaire que dans les parties abritées du littoral provençal.

Fructifie en Algérie.

C. flexuosa, *Hort.*

Syn. — *C. plumosa, Mart.*

Tronc nu, lisse, haut de 8 à 10 mètres et plus; d'une croissance rapide, ayant besoin d'une position abritée des vents pour conserver ses feuilles intactes. Feuilles nombreuses, de 4 à 5 mètres de longueur, s'inclinant élégamment; d'un vert foncé en dessus, glauques en dessous. Du Brésil méridional.

Il fructifie abondamment sur tout le littoral; mais, parfois, la gelée est préjudiciable à son beau feuillage. Il en existe toute une avenue près du Jardin d'essai d'Alger; planté dans ces conditions, il croît presque sans soins et pour ainsi dire sans eau.

C. lapidea, *Gaertn.*

Syn. — *Lithocarpus cocciformis, Targ-Tozz.*

Arbre très élégant dont les frondes à pinnules, tantôt dressées, tantôt déclinées sur les pétioles, donnent à ce palmier un aspect tout particulier et d'une grande beauté. Haut de 10 à 15 mètres, il est originaire du Mexique et du Brésil, où on le rencontre dans les lieux pierreux et arides. Fruits petits et durs.

Il croît admirablement en Algérie et dans le midi de la France.

La culture est des plus faciles, car il croît presque sans soins, et ne demande des irrigations que dans son jeune âge, surtout si on le plante dans un sol naturellement humide.

Demande à être cultivé dans les endroits abrités, à cause de la fragilité de ses frondes.

C. plumosa, *Lodd.*

Syn. — *C. comosa, Hook.*

Stipe élancé, poli, annelé, haut de 8 à 10 mètres et plus; frondes longues de 1 m. 50 à 2 mètres, infléchies, d'une rare élégance; pinnules très fines, larges de 1 à 2 cent. sur 25 à 30 centimètres de longueur.

Végète dans les provinces méridionales du Brésil,

à 600 mètres environ d'altitude ; cette espèce résiste parfaitement en Algérie. Ne pourrait-on en essayer la culture dans le midi de la France? En tous cas, il est facile de s'en procurer des graines pour la multi plier.

Elle demande un sol riche en humus, frais, facilement irrigable et abrité des grands vents.

C. Romanzoffiana, *Cham.*

Cette espèce ressemble beaucoup au *C. flexuosa*; elle est, comme lui, d'un développement assez rapide,

Fig. 19. — *Cocos Romanzoffiana.*

et aime les terrains irrigués fortement, copieusement fumés, et les endroits abrités. Les graines mûrissent sur le littoral provençal, aussi bien qu'en Algérie ; elles sont de facile germination.

Originaire de l'île Sainte-Catherine, sur la côte du Brésil, cette espèce atteint aisément 13 à 14 mètres de hauteur.

Ce superbe palmier végète en Provence ; mais il est d'introduction récente, ce qui ne permet pas d'en parler longuement. Ce que nous pouvons affirmer, c'est qu'il est d'une élegance rare ; les amateurs feront bien de l'utiliser dans la décoration des jardins, ils en obtiendront des effets pittoresques inattendus.

C. Weddeliana, *Wendl.*

Syn. — *Leopoldinia pulchra, Mart.* — *Glazovia elegantissima, Mart.*

Fig. 20. — *Cocos Weddeliana.*

Stipe elancé, haut de 2 m. 50 à 4 mètres, sur un diamètre de 5 à 10 centimètres. Feuilles déliées.

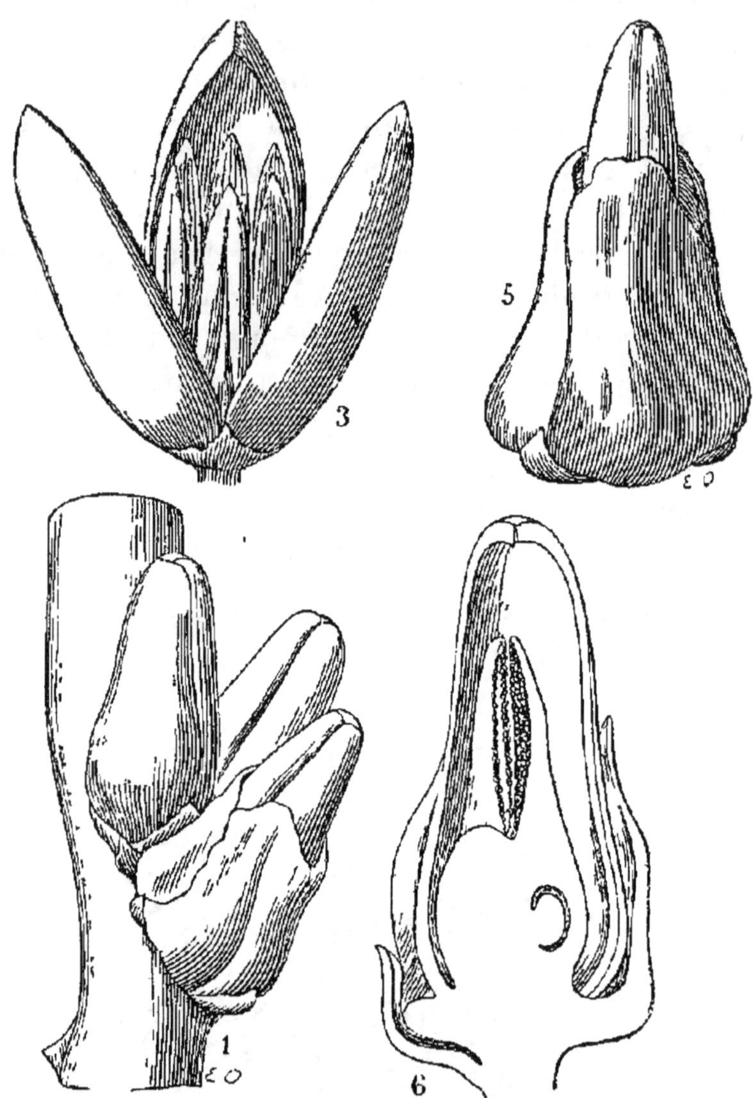

Fig. 21 — *Cocos Weddeliana*. — 1. Fragment d'inflorescence, avec un groupe triflore. — 3. Fleur mâle — 5 Fleur femelle — 6 Fleur femelle (coupe longitudinale)

d'une élégance rare, longues de 1 m. 50 à 2 mètres, formant une belle couronne, ayant quelque analogie avec le *Cycas circinalis*.

Cette gracieuse espèce, très répandue dans les cultures, comme plante d'appartement, croît dans le Brésil méridional et dans le Vénézuéla austral, dans les sols humides de ces contrées. Il végète assez bien dans le midi de la France, mais ne résiste pas aux

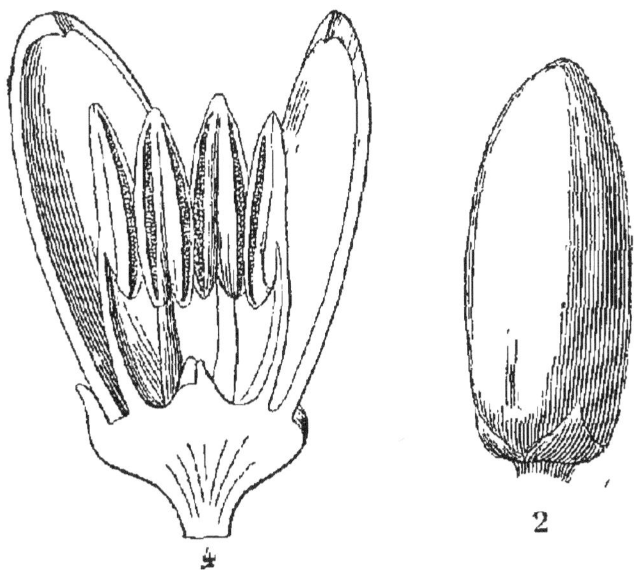

Fig. 22. — *Cocos Weddeliana*. — 2 Bouton. — 4. Fleur mâle
(coupe longitudinale)

sirocos de l'Algérie. Il fructifie dans les serres du Muséum d'histoire naturelle à Paris.

C. Yatay, *d'Orbigny*.

Stipe de médiocre hauteur; pétioles persistants depuis la base, spinescents en scie; fronde arquee à pinnules rigides, linéaires acuminées, donnant a cette espèce un aspect tout particulier.

Introduit depuis quelques années de la province de Corrientes dans la République Argentine, où il croît dans les lieux humides, mais aérés.

Il végète fort bien dans le Midi, on en a planté

quelques exemplaires en Algérie ; dans ces deux pays, il semble se complaire.

Il serait a désirer que la floraison de cette espèce se produisît bientôt soit en Europe, soit en Algérie, car les graines reçues d'Amérique ne germent le plus souvent qu'après un an et demi à 2 ans de soins assidus. C'est une belle plante, digne de compter au nombre de celles qui décorent nos jardins du Midi. Comme plante d'appartement, ce beau palmier rendrait de précieux services.

CORYPHA, *Linn.*

TRIBU DES CORYPHINÉES

Caractères botaniques. — Hermaphrodite. Spathe incomplète. Fleurs sessiles, pédicellées, bractéolées. Calice cupulifère ou cyathiforme, tridenté. Corolle à trois pétales ovales. Étamines a base dilatée, hypogène. Anthères ovales. Ovaires au nombre de trois. Style subulé caulescent. Baies nombreuses, monospermes à maturité, charnues, à embryon vertical.

Stipe élevé, superbe, annelé. Frondes amples, flabelliformes, laciniées, a base épineuse.

CORYPHA AUSTRALIS, *R. Br.*

Syn. — *Livistona australis*, *Mart.*

Tige élevée de plusieurs mètres, terminée par une immense couronne de belles et larges feuilles en éventail, à pétioles épineux.

Cette espèce, propre au Paraguay, forme rapidement un bel arbre.

Il est très rustique dans le midi de la France, où il croît dans les sols les plus ingrats.

Fig. 23. — *Corypha australis* (âgé de 6 ans).

On en voit de beaux exemplaires à Alger, à Coimbre (Portugal), en Italie, en Égypte.

Ce palmier s'accommode aisément des expositions les plus mauvaises, pourvu qu'elles soient abritées. On en récolte des graines à Alger.

C. Gebanga, *Bl.*

Syn.—*Gebanga rotundifolia Bl.*, — *Taliera Gebanga Bl.*

Espèce ressemblant beaucoup à la suivante, mais un peu plus facile sous le rapport de la culture. Ori-

Fig. 24. — *Corypha Gebanga*

ginaire de Java, où on la rencontre en grande quantité (formant souvent de véritables forêts) dans les sols d'alluvions.

Ses pétioles sont plus volumineux que ceux du *C. umbraculifera*, et sont couverts, sur leur surface inférieure, d'une pulvérulence grisâtre, farineuse, qui lui donne un aspect tout particulier.

Au Jardin du Hamma, on en voit de beaux exemplaires, qui, plantés il y a une quarantaine d'annnées, ont végété bien plus rapidement que les *Latania Borbonica.*

C. Umbraculifera, *Linn.*

Originaire du Malabar et de Ceylan, où il pousse sur les montagnes, dans des endroits souvent très découverts, ce palmier est certainement un des plus beaux du genre.

Tronc élevé (4 a 8 mètres, suivant la situation ou il se trouve), frondes de 1 à 2 mètres, terminées par une immense feuille orbiculaire, pinnatifide, laciniée, d'un beau vert foncé.

Les feuilles de cette espèce servent a couvrir les cases des insulaires.

Cultivée dans les jardins de la région mediterranéenne. depuis plus de vingt ans, elle y croît très bien et en forme un des principaux ornements.

EUTERPE, *Gaert.*

TRIBU DES ARÉCINÉES

Caractères botaniques. — Monoïque sur le même spadice. Spathes (2 ou 3) membraneuses ; fleurs bractéolées sessiles. ♂ calice triphylle, corolle a trois pétales, staminées sexuees. ♀ calice triphyllé, a trois pétales, convolutés, imbriqués, a trois stigmates sessiles Ovaire a trois loges monospermes latéraux, a albumen ligneux ; embryon latéral. Stipe élancé, grêle, annelé. Frondes terminales pinnées ; pinnules cylindriques, convolutées, pendantes ou étalées.

Euterpe edulis, *Mart.*

Syn. — *E. globosa, Gaertn.?* — *E. pisifera Gaertn.*

Stipe pouvant atteindre 20 à 30 mètres de hauteur sur 20 centimètres de diamètre; terminé par une cime élegante de feuilles pinnees, pédonculées, longues de 1 mètre à 1 m. 50; les pinnules ont 20 à 30 cent. de longueur, et sont d'un beau vert sombre en dessus, clair en dessous.

Cette superbe espèce croît dans le Brésil oriental 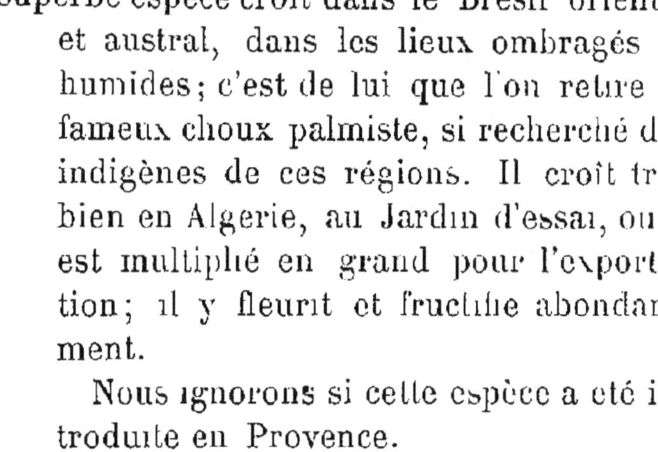 et austral, dans les lieux ombragés et humides; c'est de lui que l'on retire le fameux choux palmiste, si recherché des indigènes de ces régions. Il croît très bien en Algerie, au Jardin d'essai, où il est multiplié en grand pour l'exportation; il y fleurit et fructifie abondamment.

Nous ignorons si cette espèce a été introduite en Provence.

Belle espèce parmi les palmiers, autant pour les appartements que pour la pleine terre

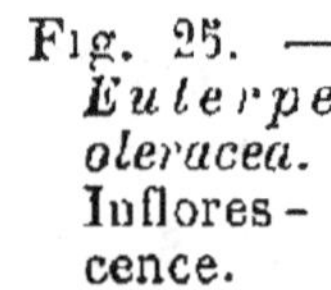
Fig. 25. — *Euterpe oleracea.* Inflorescence.

E. oleracea, *Mart.*

Stipe élégant, haut de 20 mètres et plus, lisse, renflé à la base, de 30 à 35 cent de diamètre. Feuilles au nombre de 10 à 12, infléchies, à pinnules pendantes; celles-ci atteignent 1 m. 50 à 2 mètres.

Elégante espèce, croissant dans les provinces méridionales du Brésil, introduite en Algérie, où elle végète assez bien, mais n'y fructifie pas encore.

Nous pensons que dans la région provençale ce beau palmier ferait merveille, a condition d'être planté dans des sols riches, fortement irrigues et bien abrités.

HYPHŒNE, *Gaert.*

TRIBU DES BORASSINÉES

Caractères botaniques. — Dioïque. Spathe incomplète distique, rameuse. ♂ fleurs très émergentes. Calice tubulé campanulé, tripartite. Corolle tripétalée à limbe palulé, etamines sexuees. Anthères linéaires, a base sagittée. Pistil rudimentaire nul. ♀ solitaire, calice et corolle tripétalés, marginés, imbriqués. Etamines sexuées, cassantes. ovaire triloculaire (rarement biloculaire); a stigments sessiles. Drupe simple. à sarcocarpe fibreux, ligneux. Albumen charnu. Embryon vertical.

Stipe annele, elevé, dichotome, rameux. Frondes terminales, palmées, flabelliformes, laciniées.

Hyphœne Natalensis. *Kunze.*

Syn. — *H. crinita, Kze.* — *H. Petersiana, Kl.*

Cette espèce végète sur les bords est-ouest du fleuve Zambèze, ou elle est très commune ; on la trouve également dans le sud du Nyassa près de la rivière de Shiré. Ce palmier est également fréquemment remarqué dans les îles de ces mêmes lieux.

Son stipe, un peu renflé a la base, atteint une hauteur moyenne de 6 a 8 mètres. Les frondes sont larges, flexueuses, à ligules bien marquées, et d'une rare élégance.

Ce beau végétal serait facilement cultivable dans le Midi, dans les lieux voisins des pièces d'eau, car il demande beaucoup d'humidité pour croître dans de bonnes conditions. La *Revue Horticole* de 1891 conseille du reste la culture de ce palmier dans les jardins du littoral.

JUBŒA, *Mart.*

TRIBU DES COCOINÉES

Caractères botaniques. — Monoïque sur le même spadice, qui est simple, rameux. Spathe double. Fleurs bractéolées. ♂ supérieures pédonculées. Calice tripartite, corolle à trois pétales, etamines au nombre de 27 à 30, à filaments subulés, anthères linéaires érigées Pistil rudimentaire. ♀ calice triphyllé à folioles ovales ou orbiculaires; corolle imbriquée, convolutee. Pistil membraneux, ovale, a stigmate sessile. Drupe ovale, monosperme; fibreuse, à trois loges latérales. Albumen cartilagineux. Embryon a la base.

Stipe très élevé. gros, cylindrique; pétioles persistants à la base, squamateux. Frondes pinnées, divergentes, à pétioles inermes.

Jubœa spectabilis, *Humb. et K.*

Syn. — *Cocos Chilensis, Mollina.* — *Molinæa micrococos, Bert.*

Belle et majestueuse espèce de Cocoinée; dont le tronc, très gros, peut atteindre 12 à 15 mètres de hauteur, sur 1 mètre de diamètre ; les pétioles, longs de 4 a 5 mètres, sont raides et glauques, s'inflé-

Fig. 26. — *Jubæa spectabilis*. Port.

chissant avec l'âge, et sont garnis de pinnules raides et larges, de 35 à 45 cent. de longueur, d'un vert foncé, luisantes. Ce palmier, originaire du Chili, peut endurer, comme le *Chamærops excelsa*, des températures excessivement basses et résister à des sécheresses prolongées. Isolé sur les pelouses, il produit un effet surprenant autant qu'étrange.

Le plus bel exemplaire de cet énorme végétal se trouve a la villa Thuret, a Antibes. La floraison est encore inconnue en France, mais cette espèce fructifie abondamment en Portugal. Ce palmier habite les terres chaudes et sèches du Chili, mais profondes et de bonne qualité.

Dans les sols froids et humides il devient maladif, et il redoute les arrosements fréquents.

Le Jardin d'essai d'Alger en possède un gros exemplaire, planté il y a plus de trente-cinq ans; jusqu'a ce jour il n'a pas fleuri; cela tient, à n'en pas douter, a ce qu'il n'est pas assez découvert, étant planté entre des *Ficus elastica*, qui le recouvrent presque entièrement.

KENTIA, *Bl.*

TRIBU DES ARÉCINÉES

Caractères botaniques. — Monoïque sur le même spadice, fasciculé, rameux. Spathe triple intérieurement incomplète. ♂ calice tripartite, lacinié, non imbriqué; corolle à trois pétales; étamines au nombre de 6, filamenteuses, connées, à anthères linéaires; pistil rudimentaire. ♀ calice triphyllé, corolle à trois pétales, convolutées. Etamines, rudimentaires, nulles. Ovaires uniloculaire, à trois sigmates distincts, subsessiles. Baies fibreuses, monospermes. Albumen solide, embryon a la base.

Stipe élancé, grêle, annelé, inerme. Frondes nombreuses, pennatiséquées, à segments linéaires, inclinés, bifides.

Kentia Balmoreana, *F. Mull.*

Syn. — *Grisebachia, Wendl.* — *K. Australis, Hort.*
Stipe haut de 12 mètres, lisse, annelé, portant une

Fig. 27 — *Kentia Balmoreana.*

couronne de feuilles d'un vert brillant, longues de 2 m. 75 cent., pennées, à segments nombreux, acuminés, gracieusement arqués ; la feuille elle-même possède une arcure élégante ; les deux premières feuilles, à sa naissance, sont bipartites; ordinairement la troisième devient pennée.

La beauté de cette espèce, originaire de l'île de Lord Howe, la fait rechercher des amateurs et des horticulteurs. Cette belle plante demande un abri en hiver, dans le Midi, mais croît en pleine terre en Algérie.

Kentia Canterburyana, *F. Mull.*

Syn. — *Hedyscepe Canterburyana, Wendl. et Drude.*

Espèce originaire de l'île de Lord Howe, en Océanie; de même que le précédent, auquel il ressemble énormément il n'est que demi-rustique,

Fig. 28.— *Kentia Canterburyana.*

dans le midi de la France ; mais il végète vigoureusement à Alger, où il est planté dans un sol riche et très humide.

K. Beccarii, F. Mull. Superbe espèce des montagnes de la Nouvelle-Guinée, où il s'élève a plus de 1500 mètres d'altitude. Son stipe est plus grêle que celui des autres espèces, mais il est très ornemental.

Le K. Minor, F. Mull., du nord-est de l'Australie, serait également a introduire.

Kentia Forsteriana, *F. Mull.*

Syn.   *Grisebachia, Wendl. et Dr.*
Espèce affine du *K. Balmoreana*, avec lequel on le

Fig. 29. — *Kentia Forsteriana.*

confond parfois a tort, car ses caractères sont assez distincts et devraient empêcher cette erreur. Il est aisé de la reconnaître à ses feuilles larges, qui au contraire sont étroites dans le *K. Balmoreana*; à part cette légère différence du reste, le port des deux espèces est semblable.

Kentia Mooreana. *F. Mull.*

Syn. — *Clinostigma Mooreanum*, *Wendl. et Dr.*
Stipe haut de 1 mètre; feuilles pennatisequées, à divisions linéaires.

Espèce naine des plus rustiques, habitant exclusivement le sommet des hautes montagnes de l'île de Lord Howe.

Végète admirablement dans le Midi, où elle se montre une des plus robustes du genre.

N'a pas encore été introduite en Algérie, où pourtant, selon nous, elle ferait merveille dans les petits jardins du littoral, jusqu'à 500 mètres d'altitude.

Kentia Joanis, *F. Mull.*

Syn. — *Veitchia*, *Wendl et Dr.*
Belle espèce, originaire des îles de Lord Howe, en Océanie, où elle croît dans les lieux relativement humides.

Tige dressée, annelée, haute de 2 à 4 mètres suivant la culture qu'on lui a donnée ; terminée par une cime de feuilles pennatiséquées, à divisions linéaires ou acuminées, obliquement tronquées, à bords épaissis, à côte mediane prononcée. Le port de cette espèce rappelle celui du *Kentia Wendlandiana*;

mais sa tige et ses pétioles en diffèrent surtout, parce qu'ils sont garnis d'un duvet pourpre violet et par sa nuance glauque foncé. Elle est rustique dans le midi de la France, où elle est introduite depuis 1885.

Kentia Wendlandiana, *F. Mull.*

Syn. — *Hydriastele, Wendl. et Dr.*

Tige élancée, lisse, annelée, haute de 10 à 12 m.; feuilles nombreuses à segments inégaux, les plus longues mesurant 50 c., les supérieures confluentes à la base, toutes ou presque toutes ébréchées ou dentées a leur extrémité supérieure. Découverte dans l'Australie tropicale, où cette espèce croît dans les sols les meilleurs et les plus frais.

Par conséquent, il faudra choisir, dans le Midi, pour la cultiver en pleine terre, les endroits très abrites, en lui donnant beaucoup d'eau et un bon sol, riche en humus, et en la préservant des gelées en hiver.

LIVISTONA, *R. Br.*

TRIBU DES CORYPHINÉES

Caractères naturels.— Hermaphrodite. Spathe incomplète, basilaire. Fleurs sessiles brièvement pédicellées. Calice trifide. Corolle tripartite. Etamines sexuées, filamenteuses, dilatées. Anthères oblongues subsagittées. Ovaires au nombre de 3, a style filiforme, stigmate intérieur nain. Ovule solitaire érigée. Baies monospermes, charnues à la maturité, à endocarpe mince. Albumen corné, dur, à embryon dorsal.

Tige médiocrement élevee, rarement très élevée. Frondes a base vaginante, flabelliformes, laciniées, bifides.

Livistona Hoogendorpii, *Teysm. et Bnd.*

Espèce remarquable, a pétioles très forts, brun rougeâtre, luisants, armes d'épines longues de

Fig. 30 — *Livistona Hoogenderpii.*

25 millimètres et larges de 7 millimètres à leur base; le limbe de la feuille, irrégulièrement palmé, mesure 40 cent. de diamètre, et est divisé, presque jusqu'à la base, en huit segments. Ce beau palmier est originaire de Java, ou on le trouve en masses serrées, formant de vastes forêts.

Les indigènes se servent des feuilles pour couvrir leurs cases.

Il végète parfaitement bien a l'air libre en Algérie et en Egypte, et ce beau palmier y prend des proportions colossales.

Quand cette espèce a dépassé l'âge de cinq à six ans, après le semis, elle ne réclame que très peu d'irrigations, et serait un précieux appoint ornemental dans les jardins du midi de la France.

Livistona olivæformis, *Mart*.

Syn. *Saribus, Bl.* *Corypha gebanga, Hort.*

Stipe haut de 5 à 6 mètres et plus ; tiges glabres, a pétiole trigone, épineux, portant des feuilles de 1 m. 20 à 1 m. 50, profondément laciniées, lineaires, acuminées, pendantes, d'un vert tendre.

Espèce superbe, aussi rustique que la précédente. Isolée sur les pelouses, ou plantée le long des avenues, elle sera d'un effet decoratif extraordinaire. En 1889, le Jardin du Hamma, à Alger, en avait exposé de superbes exemplaires, que les amateurs de beaux végétaux ont du certainement remarquer dans la section d'horticulture a l'exposition universelle.

Livistona rotundifolia, *Mart*.

Syn. — *Chamærops Bhiro, Hort.* — *Corypha umbraculifera, L.* — *Licuala, Bl.* — *Saribus, Bl.* *Livistona, Griff.*

Stipe cylindrique haut de plus de 10 mètres ; feuilles en éventail, peltees, a lobes bifides, larges, avec des fils intermédiaires ; le pétiole est long de 2 mètres, armé de dents crochues dans sa partie inférieure.

Quoique originaire des îles Célèbes, ce beau pal-

Fig. 31. — *Livistona olivæformis.*

mier, qui ressemble beaucoup à un *Latania*, n'en est pas moins d'une grande rusticité, tant en Algérie que

Fig. 32. — *Livistona rotundifolia.*

dans le midi de la France, où il végète avec beaucoup de vigueur. Il fructifie à Alger et se multiplie de graines, qu'il donne en abondance.

LATANIA, *Comm.*

TRIBU DES BORASSINÉES

Caractères botaniques. — Dioïque. Spadice vaginé, spathe incomplète. Fleurs. ♂ solitaires, émergentes, imbriquées. Calice et corolle tripétalés, marginés, imbriqués. Etamines au nombre de 15 à 32, filamenteuses Anthères linéaires, sagittées. Pistil menu, rudimentaire, ♀ pauciflore (?). Calice triphyllé a trois pétales (?). Ovaire triloculaire. Stigmate sessile. Drupe rugueuse. Albumen cartilagineux. Embryon vertical.

Stipe médiocrement élevé, annelé. Frondes terminales flabelliformes, spinescentes.

Latania Borbonica, *Lam.*

Syn. — *Livistona Chinensis, Mart.* — *Livistona Mauritiana, Wall.* — *Saribus Chinensis, Bl.*

Stipe pouvant atteindre 10 mètres et plus, terminé par une large cime de feuilles en forme d'éventail, d'un beau vert gai, larges de 1 mètre à 1 m. 50, un peu semblables à celles des *Livistona umbraculifera* ou *rotundifolia*, mais moins pittoresques. Les pétioles sont plus ou moins armés d'épines vertes.

Cette espèce éminemment rustique fructifie abondamment dans toute la région littorale de la Méditerranée, et ses énormes régimes de graines pèsent souvent de 30 a 40 kilogrammes. Ce palmier peut supporter une température de 5 à 7 degrés de froid.

Le *Latania* demande à être planté dans une situation chaude et abritée des grands vents, dans une terre meuble, substantielle et fraîche pendant l'été. Les arrosements doivent être fréquents à l'époque des chaleurs.

Dans quelques jardins du Midi de la France, il en existe de superbes exemplaires, qui, comme ceux plantés, en Algérie, donnent une grande quantité de graines, qui servent à multiplier ce beau palmier.

Le Jardin d'essai à Alger possède une superbe avenue plantée de *Latania* et de *Phœnix dactylifera* entremêlés Malheureusement, au moment de la

Fig. 33.— *Latania Borbonica.*

plantation, on ne s'est pas rendu compte de leur végétation future, et aujourd'hui leurs cimes se touchent et gênent même la circulation.

Mais l'effet obtenu par cette belle espèce, ainsi plantée, depasse l'attente des amateurs, car rien n'est aussi beau parmi les autres végétaux, que ces grandes feuilles se balançant gracieusement au vent.

VARIÉTÉ : *L. Borbonica erecta.*

PHŒNIX, *Linn.*

TRIBU DES PHŒNICÉES

Caractères botaniques. — Dioïque. Fleurs sessiles. Spadice rameux ; spathe simple, ♂ calice cupulifère, tridenté. Corolle à 3 petales. Etamines sexuées (rarement trisexuées). Anthères linéaires érigées. ♀ calice cupulifère, tridenté. Corolle à 3 pétales imbriques. Etamines sexuées, squameuses. Pistils au nombre de 3 ; globuleux ovale, connivents, distincts à ovule érige. Stigmate sessile. Baie monosperme, à sarcocarpe mou, à endocarpe membraneux dur. Graines linéaires-oblongues. Albumen charnu. Embryon dorsal.

Stipe élevé ou nul. Frondes terminales pennées. Pinnules rigides, disposées régulièrement, disti-ques, bifides épineuses à la base des frondes qui sont arquées.

Phœnix acaulis, *Rosb.*

Espèce acaule ; frondes nombreuses à pinnules squarrieuses, variant de direction, linéaires acumi-nées, subglaucescentes vertes, rigides. Tronc fibreux à base membraneuse réticulée.

Cette plante éminemment ornementale croît dans les plaines elevées de la région du Gange (Indes Orientales), sur le versant oriental, dans les sols secs et argileux.

Introduit depuis longtemps dans les cultures du littoral méditerranéen (Cannes), il y végète admira-blement et y fructifie chaque année. Il n'existe pas dans les collections du Jardin d'essai (?). Réclame un sol sec et peu d'irrigations.

Fruits d'un beau rouge, pas comestible.

Phœnix dactylifera, *L.*

Syn. — *P. excelsior*, *Car*.

Stipe élancé, pouvant atteindre 20 mètres et plus; feuilles en palme, longues de 3 à 5 mètres, glauques, dont les pinnules sont lancéolées-linéaires, en gouttières, très pointues. Pétioles robustes, inclinés, armés de longues épines.

Cette espèce, originaire des diverses parties de l'Orient, peut supporter, sans souffrir, de 8 à 10 degrés de froid, à condition que cette température ne se prolonge pas trop. Dans le Midi, il fructifie abondamment, mais les fruits en sont acerbes et immangeables.

Le dattier demande de fortes irrigations pendant l'été; il supporte cependant assez bien la sécheresse, pourvu qu'il soit planté dans un sol qui lui convienne, c'est à-dire frais et riche en humus.

Il parait qu'on en possède dans le midi de la France des variétés, dont les fruits sont comestibles, car ils y mûrissent parfaitement; ne serait-ce pas une variété d'une autre espèce, probablement le *P. Canariensis*, dont il serait ici question ?

Nous avons tout lieu de le croire : car en Algérie, sur le littoral même, le *Ph. Canariensis* donne des fruits mangeables, mais pas fameux; dans les mêmes conditions, jamais le *dattier* n'a donné autre chose que des dattes acerbes, impossibles à consommer, même par les palais les moins délicats.

Le *Phœnix dactylifera* se reproduit de ses graines

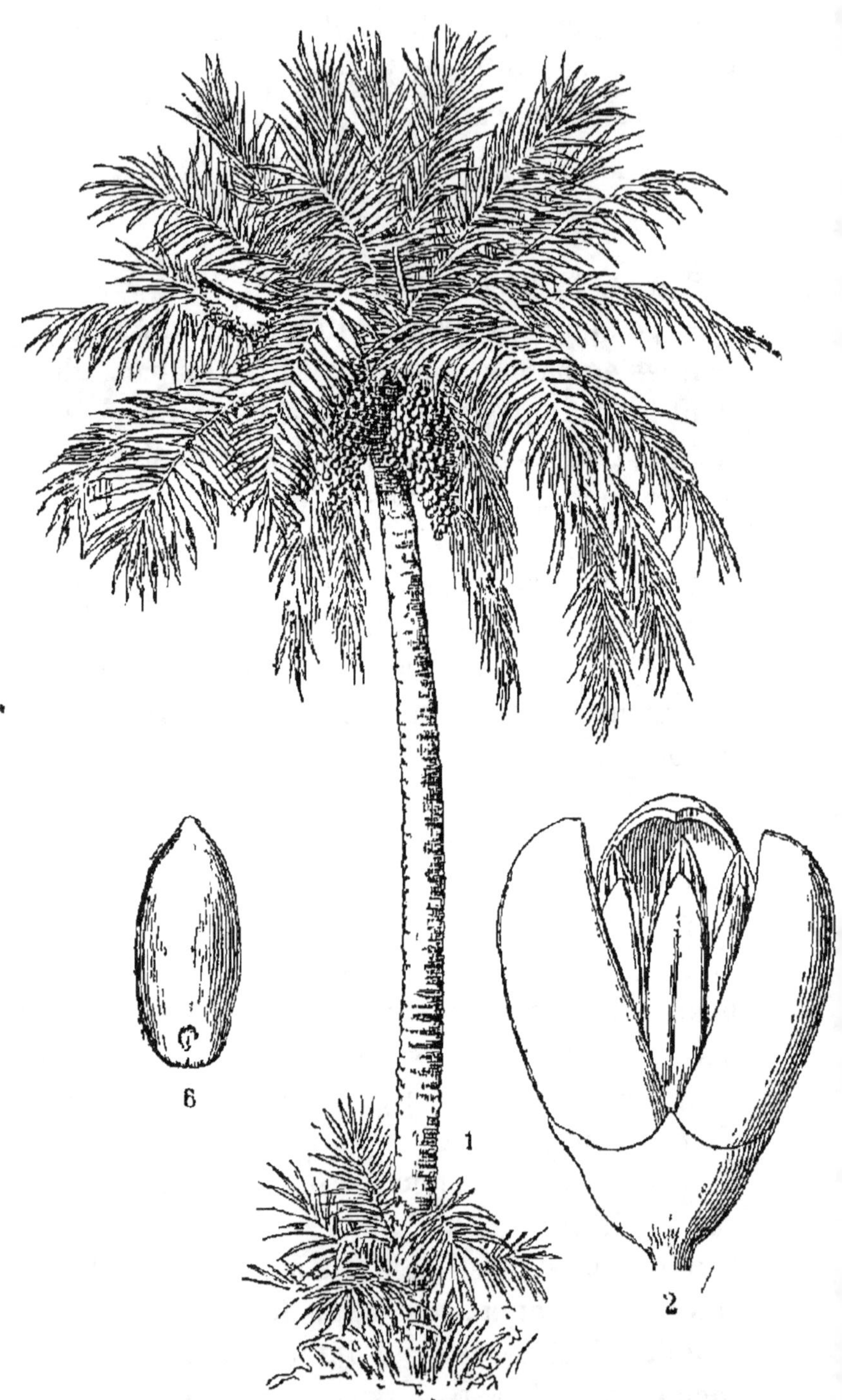

Fig. 34. — *Phœnix dactylifera.* — 1. Port. — 2. Fleur mâle. —
6. Graine.

semées dès leur maturité; alors elles germent dès le premier mois. Dans le cas contraire, elles restent en terre trois mois ou plus, selon qu'on s'est plus ou moins hâté de les confier à la terre.

Le Jardin d'essai d'Alger possède une avenue

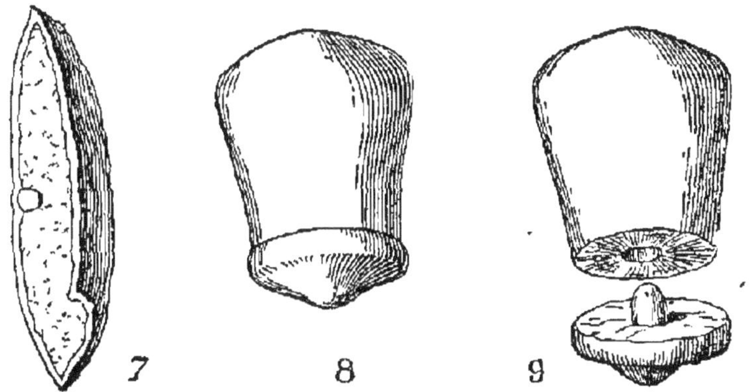

Fig. 35. — *Phœnix dactylifera.* — 7. Graine (coupe longit. montrant l'albumen et l'embryon). — 8. 9. Embryon isolé.

superbe, plantée de ce palmier ornemental, entre laquelle on a entremêlé des *Latania Borbonica*, comme nous l'avons dit plus haut.

La fameuse promenade des Anglais, à Nice, est également bordée de cette superbe espèce, et la plupart des Jardins du littoral méditerranéen en sont pourvus. Une variété du *P. dactylifera* et du *P. Canariensis*, le *P. Melanocarpa*, donne des fruits noirs, excellents à ce que dit la *Revue horticole*, volume 66, p. 495.

P. farinifera, *Roxb.*

Syn.   *P. Loureirii, Kth.* — *P. pusilla, Gaertn.*

Espèce subacaule, de 1 à 2 mètres de haut, à tronc énorme (il peut atteindre 1 mètre et plus de diamètre), ayant le port du *P. Canariensis*. Frondes

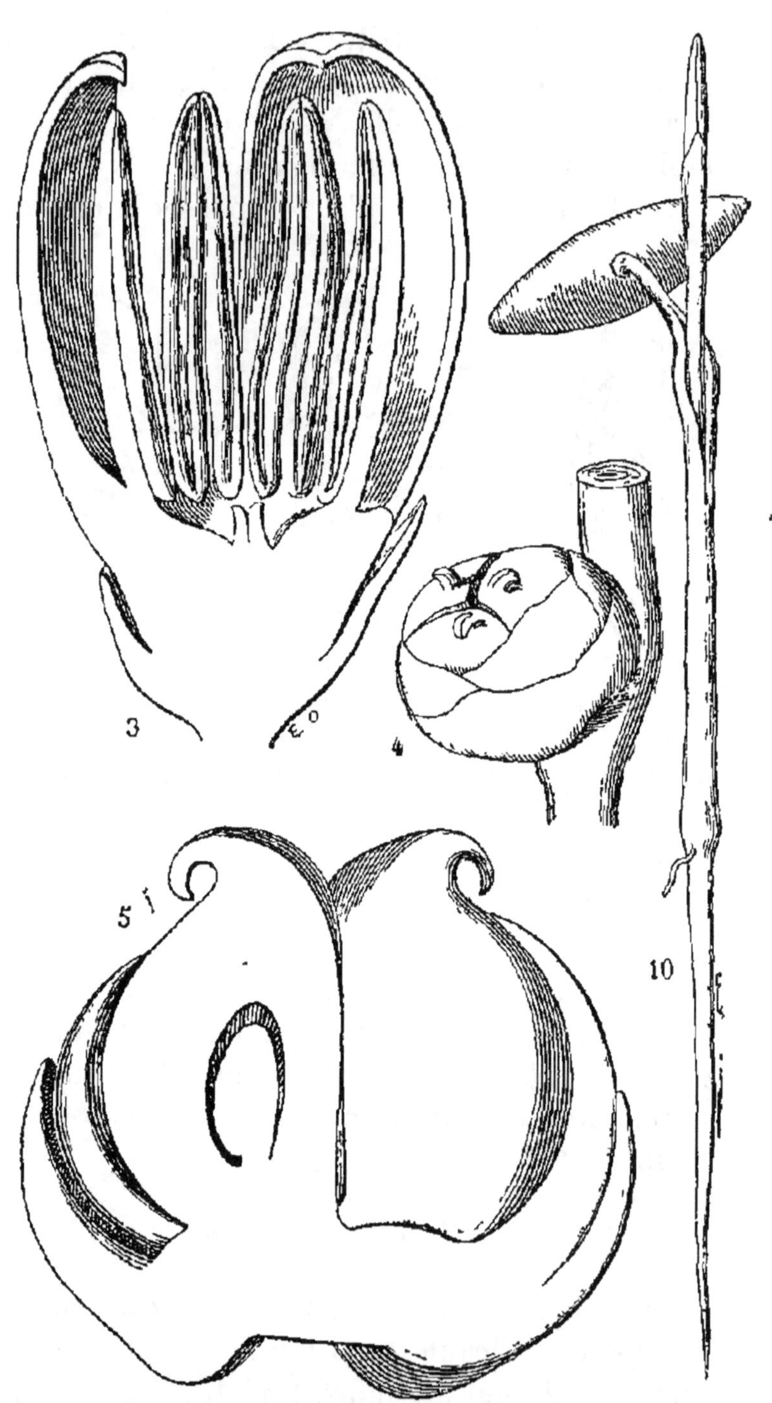

Fig. 36. — *Phœnix dactylifera.* — 3. Fleur mâle (coupe longit.). 4. Fleur femelle. — 5. Fleur femelle (coupe longit.). — 10. Germination.

nombreuses, à pinnules irrégulières, linéaires acu-

Fig. 37. — *Phœnix spinosa.* — 1. Port — 2. Fragment d'inflorescence male.   Sommet d'une des ramifications de premier
ordre.

minées, d'un vert foncé, s'inclinant gracieusement.
Fruits petits, jaunes, immangeables.

Végète dans les vastes plaines des Indes orientales,
dans les dépressions de terrain.

C'est une plante gigantesque, demandant, pour bien se dévolopper, beaucoup d'espace, un sol riche et fortement irrigué, pendant la saison sèche.

Introduit depuis longtemps dans la région du Midi, il y croît vigoureusement ; mais il semble qu'on ait abandonné sa culture, a cause de ses proportions incroyables. Nous avons mesuré le diamètre d'un exemplaire planté au Jardin d'essai d'Alger ; ses frondes occupaient un espace régulier de 12 mètres de diamètre.

Fleurit et fructifie abondamment chaque année ; les graines vendues dans le commerce appartiennent généralement au *P. Canariensis*. Les Indiens retirent du tronc de ce beau palmier une sorte d'*arrow root*, assez estimée.

P. Hanceana, *Hort.*

Cette prétendue espèce semble être une simple variété du *P. Canariensis*. Cependant, ce palmier est des plus remarquables et a été l'objet de bien des dissertations de la part de botanistes éminents, qui finalement y ont perdu leur latin et ont abandonné

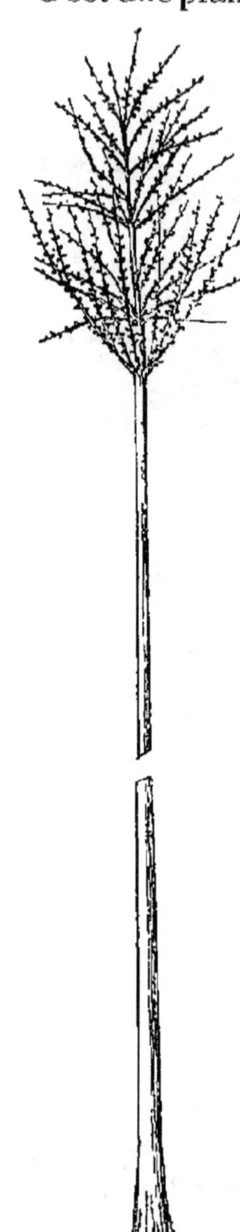

Fig. 38. — *Phœnix spinosa.* Inflorescence femelle sans la gaine.

la partie. Il paraîtrait, en tous cas, que ses fruits

sont sucrés et agreables à manger. Nous ne le citons du reste que pour mémoire.

P. spinosa, *Thonn.*

Syn. — *P. Leonensis, Lodd.* — *Fulchironia, Desf.* — *P. Senegalensis, Hort.*

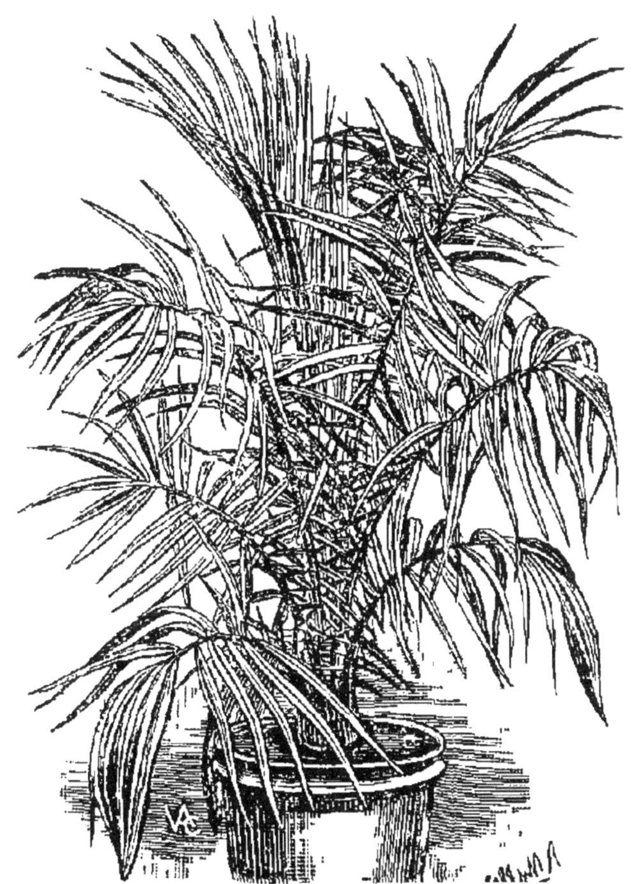

Fig. 39. — *Phœnix spinosa.*

Originaire de l'Afrique tropicale, cette espèce est moins rustique que les précédentes.

Tige élancée, haute de 4 à 6 mètres, relativement grêle pour le genre ; feuilles longues de 2 à 3 mètres,

à folioles souples, d'un beau vert intense, les infé-
rieures devenant très épineuses.

Se plaît dans les sols argilo-calcaires et ne craint
pas les vents de la mer. Il végète admirablement en
Algérie, où, depuis nombre d'années, il fournit une
ample récolte annuelle de graines.

Fruits d'abord d'un beau rouge corail, d'un joli
effet pendant l'hiver, puis rouge vineux, enfin noirs à
la maturité complète. Pulpe mince, assez sucrée,
mangeable. Les fruits mettent un an à mûrir dans
le Midi.

P. Natalensis, *Hort.*

Tige haute de 2 à 3 mètres, remarquable par son
tronc mince du haut, renflé à sa base; feuilles longues de plus de 3 mètres, a pinnules glauques,
comme poudrées; épineuses à la base.

Native du Cap de Bonne-Espérance, il serait désirable que cette espèce fût propagee dans la région
méditerranéenne, car elle est des plus ornementales.

Sa culture serait aussi aisee que celle des autres
espèces, propres à l'Afrique méridionale.

Elle est cultivée au Jardin botanique de Cap Town
(Cap de Bonne-Espérance); il est donc facile d'en
obtenir des graines.

Fruits acerbes, durs, pulpe presque ligneuse : d'un
jaune clair.

Le **Phœnix pumila** *Hort.* est une autre espèce à
stipe grêle et élancé, proche parente de la précédente, atteignant de 4 à 6 mètres de hauteur, et portant à son sommet une élégante cime de frondes,
dont les pinnules sont d'un beau vert foncé.

Il pousse à sa base des drageons qui ne tardent pas à former touffe, si on les laisse croître. Le Jardin d'essai du Hamma d'Alger en possède de magnifiques exemplaires. Fruits petits, jaune foncé; pas mangeables.

P. paludosa, *Roxb.*

Stipe élancé, haut de 8 à 10 mètres, très rustique, à feuilles longues de 2 à 3 mètres gracieusement réfléchies au sommet ; le pétiole est garni de longues épines.

Cette espèce, originaire des Indes orientales où elle croît dans les lieux inondés, est une des plus élégantes et peut, comme le *P. dactylifera*, servir à border les avenues et décorer même les petits jardins. Comme sa congénère, elle demande de fortes irrigations, tout en s'accommodant, lorsqu'elle a un certain âge, des terrains les plus ingrats, pourvu qu'ils soient humides.

Fruits jaune foncé, pas comestibles, du moins pour les palais européens.

P. pusilla, *Gaert.*

Stipe fasciculé, radiculé, cylindrique, haut de 2 à 3 mètres à pinnules spinescentes, de 30 centim.

Belle espèce croissant dans les plaines du Malabar.

A été introduite depuis longtemps dans les régions méditerranéennes, sauf Alger.

Demande beaucoup d'irrigations en été. Fruits acerbes.

P. reclinata, *Jacq.*

Stipe de 4 à 6 mètres, svelte, parfois incliné obliquement, à feuilles élégamment réfléchies, d'un vert

Fig. 40 — *Phœnix reclinata*

brillant et munies, à la base, d'épines longues et acérées.

Originaire du Cap de Bonne-Espérance, cette espèce croît très rapidement et se contente de n'importe quel terrain, mais préfère cependant les sols argileux. Cultivée en groupe, elle produit un effet superbe. Ses feuilles sont parfois atteintes par les fortes gelées. Produit, en Algérie et dans le Midi, de nombreuses graines qui servent à multiplier cette belle espèce. Fruits jaunes, petits, non mangeables.

P. pedunculata, *Griff.*

Stipe peu élevé (1 mètre), cylindrique, à pétiole compresse, épineux, long de 4 mètres, portant de nombreuses pinnules, fasciculées, condupliquées, longues de 30 centimètres ; ses pétioles sont flexueux, inclinés à leur extrémité, et, retombant avec grâce, forment un ensemble des plus gracieux.

Originaire des montagnes des Indes orientales, où elle croît à 2000 mètres d'altitude, particulièrement dans les Neilgherries. Diffère peu du *P. Ouseleyana*, auquel il paraît être allié par une parenté bien rapprochée ; probablement même ce dernier n'est-il qu'une simple variété du *P. pedunculata*. Fruits moyens, brun jaunâtre, immangeables.

P. Canariensis, *Hort.*

Syn.   *P. Tenuis, Hort.   P. Vigieri, E. And.*

Stipe haut de 6 a 8 mètres, pouvant atteindre un mètre de diamètre, couronné par une immense touffe de plusieurs centaines de feuilles pennées, gracieusement recourbées.

Le développement de cette espèce, originaire des Canaries, est si rapide, sa rusticité est si grande, qu'elles le rendent supérieur au *P. dactylifera*, dont le feuillage est si grêle, et la croissance si lente. Fruits assez gros, a peine mangeables.

Aussi, ce palmier s'est-il beaucoup répandu dans les Jardins du littoral, depuis son introduction en 1864.

Il existe plusieurs formes de ce beau végétal, mises dans le commerce sous les noms les plus divers : *P. macrocarpa*, *P. erecta*, *P. cycadæfolia*, etc.

Fig. 44. — *Phœnix Canariensis*

L'espèce type et ses variétés sont très populaires en Provence et même dans les serres du nord de l'Europe.

Deux variétés : les *P. mariposæ* et *P. hybrida*, donnent des fruits assez gros et mangeables, d'un brun rouge a maturité (octobre-novembre).

P. rupicola, *R. Anders.*

Stipe élevé, haut de 5 à 6 mètres ; frondes longues de 3 a 4 mètres ; élegantes, a pétiole compressé ; pinnules pendantes, linéaires, uniformes, acuminées.

Cette espèce se distingue de toutes les autres par ses pétioles adhérents au tronc, excepté en dessous de la dernière fronde, et par son feuillage délicat qui a quelque analogie avec celui de certains *Cocos*.

Ce beau et élégant palmier, le plus gracieux du genre, est originaire du Bootan (Sikim, Himalaya).

Il fructifie dans quelques Jardins d'Algérie ; il est également cultivé dans le Midi, mais il est encore rare et moins rustique que les autres. Ses grappes de fruits atteignent de 1 mètre à 1 m. 20 de longueur ; les drupes sont d'un brun pâle.

P. Siamensis, *Miq.*

Stipe nul ou peu élevé ; frondes longues de 2 à 4 mètres ; pinnules lancéolées linéaires, longuement acuminees ; pédoncules allongés et compressés.

Belle espèce de l'archipel Indien et de Siam, encore inconnue dans les collections de l'Europe du Sud, mais qu'il serait désirable de voir introduire, car elle est, dit-on, très décorative. Végète dans les sols secs et riches en humus. Ne serait pas difficile à obtenir, en s'adressant à notre Consul à Bankok (Siam).

P. sylvestris, *Roxb.*

Syn. — *Elate sylvestris, L.*

Stipe élancé, haut de 10 à 12 mètres ; feuilles rapprochées, nombreuses, d'un vert gai, luisantes, flexueuses, a pétiole beaucoup plus petit que chez le *P. dactylifera*, jaune a la base et garni d'épines. Cette espèce, originaire des Indes orientales, paraît n'être qu'une variété du dattier, ou tout au moins n'en serait, dit-on, que le type sauvage.

Ses fruits ne sont pas comestibles.

Cet arbre, intéressant par ses belles proportions, réussit dans les terrains les plus secs ; aussi l'a-t-on beaucoup multiplié dans le midi de la France, ou il forme un sérieux appoint aux espèces de palmiers propres à l'ornementation des jardins. Ses frondes élégantes sont recherchées pour l'industrie des palmes, employées pour les fêtes religieuses catholiques et israélites. Fruits d'un jaune sombre, mûrissant dans le Midi, où les enfants les mangent.

P. Zeylanica, *Hort.*

Syn. — *P. Sylvestris, Thor.*

Stipe érigé, simple, rarement branchu à la base, haut de 4 à 5 mètres ; pétiole long de 3 a 4 mètres, à pinnules, dont celles du bas sont épineuses ; les autres sont fasciculées, linéaires, lancéolées longues de 17 à 20 cent., d'un vert sombre. Belle espèce propre à l'île de Ceylan, ou elle croît dans les lieux les plus secs, sur les flancs des montagnes. Son habitus indique clairement la culture qui doit lui être donnée.

Cette belle plante, commune à Ceylan, ne l'est malheureusement pas dans la région du littoral. Les amateurs de beaux végétaux ont là une espèce résistante, qui ne demande qu'à orner leurs jardins.

La multiplication en est facile, au moyen des graines, venues directement du pays d'origine et qui germent aisément. Fruits?

PRITCHARDIA, *Seem et Wendl.*

TRIBU DES CORYPHINÉES

Caractères botaniques. — Hermaphrodite. Fleurs isolées ou éparses sur les ramifications d'un vaste spadice; étamines au nombre de 6, soudées à la base à une cupule courte; ovaire bilobé à pistil très développé. Baie drupacée portée sur une tige cylindrique. Graine pourvue d'un albumen homogène. Embryon basilaire, stipes éleves ayant habituellement le port des *Livistona* et des *Erythæa.*

P. filifera, *Lind.*

Syn. — *Brahea filamentosa, Hort.*
Stipe haut de 4 à 8 mètres, cylindrique, terminé par une cime de grandes feuilles peltées, portées sur des pétioles d'un mètre et plus, armés d'epines d'un jaune brillant. Les feuilles grandes, en forme d'éventail, ont le plus souvent 1 m. 50 de diamètre, et sont munies de longs filaments blancs, ayant l'aspect d'une chevelure.

Ce palmier, originaire de la Californie, supporte parfaitement 6 à 8 degrés de froid, et résiste aux plus longues sécheresses. Il est d'une croissance rapide, particulièrement dans les terrains meubles et frais.

Fig. 12. — *Pritchardia filifera* 1. Fragment d'inflorescence. — 2. Fleur.

Planté sur les avenues ou isolé sur les pelouses, le *P. filifera* produit un effet grandiose et majestueux.

On en fait un grand commerce dans le midi de la France et en Algérie.

Jusqu'à présent on n'a encore pu le multiplier que de graines reçues du pays d'origine.

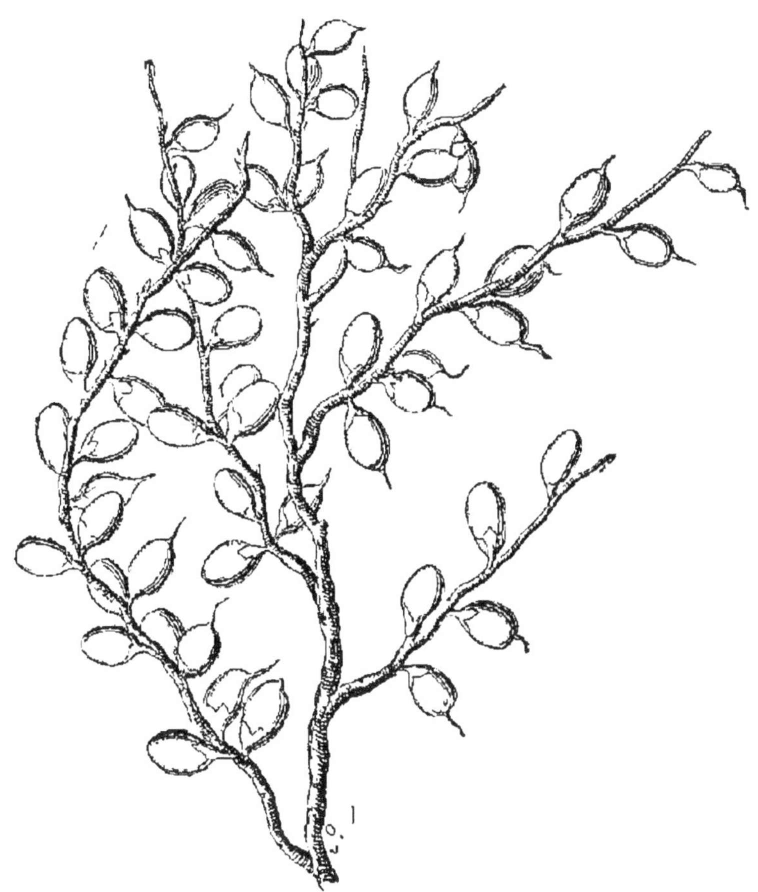

Fig. 43. — *Pritchardia filifera*. Fragment d'inflorescence.

Nous apprenons que, récemment, ce palmier a fleuri dans un jardin du golfe Juan.

P. Vuylstekeana, *Wendl.*

Autre espèce très belle de l'Océanie, à feuilles flabelliformes, qui sera d'un grand secours dans

la décoration des jardins du Midi, où il pourrait être rustique, moyennant quelques soins dans
son jeune âge. Les jeunes exemplaires que nous

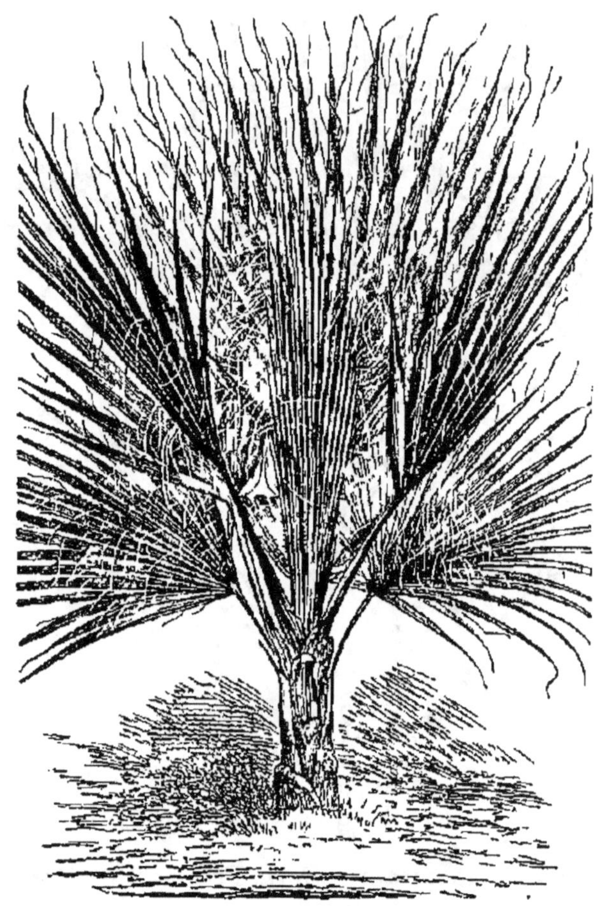

Fig. 44. — *Pritchardia filifera*.

avons vus nous ont montré tout l'avenir de ce beau
palmier, qui atteint la taille du *P. filifera*.

RHAPIS, *Linn. fil.*

Caractères botaniques. — Polygame-dioïque. Fleur
sessiles, bractéolées. Spadice rameux, spathe incom-

plète. ♂ calice cupulé, trifide. Corolle obovale, tubulé, trifide. Etamines sexuées, filamenteuses, subulées. Anthères ovales, cordées. ♂ ♀ calice cupulé tripartite; corolle tripartite. Étamines sexuées à anthères cassantes. Pistils au nombre de 3, distincts; ovaire ovale compressé; stigmate sessile. Baies petites?

Stipe nain, cespiteux, arundinacé; frondes réticulées, digitées multifides, laciniées ou simples

R. flabelliformis, *Ait.*

Stipe ou tige grêle, haut de 2 mètres, buissonnant, portant au sommet des feuilles en eventail, à lanières terminées par deux dents, et à petiole inerme longuement engainant par un réseau de fibres brunes, long de 30 à 50 centimètres.

Ce joli palmier forme des touffes d'une grande élégance; il est rustique dans toute la région mediterranéenne où il peut supporter des froids de 6 à à 8 degrés.

Depuis quelques années cette espèce est très à la mode, il n'y a pas de jardin ou on ne la rencontre. Dans le centre et l'ouest de la France, on la conserve en pleine terre, moyennant quelques abris en hiver. Originaire de la Chine.

Ne fructifie pas en Europe ni en Algérie; on la multiplie d'éclats.

Un de nos amis vient d'en recevoir une grande quantité de graines du pays natal.

On en possède une variété à feuilles panachées, moins rustique et se depanachant facilement.

R. Sirotsik, *Hort.*

Syn. — *Rhapis humilis, Bl.*

Cette espèce, spontanée au Japon, est tout aussi rustique que la précédente. C'est une jolie petite plante, beaucoup plus naine dans toutes ses parties ; c'est un *R. flabelliformis* en miniature. Ses feuilles sont d'un vert plus tendre et ses pétioles grêles comme de gros fils de fer.

Elle est très utilisée pour la décoration des appartements.

On la multiplie, comme la précédente, par la séparation des touffes.

R. major, *Mart.*

Espèce plus élevée que la précédente, originaire du Japon, où elle croît dans les sols humides et riches en humus. Il serait désirable que son introduction eût lieu dans les cultures.

SABAL, *Adans.*

TRIBU DES CORYPHINÉES

Caractères naturels. — Hermaphrodite. Spadice rameux, bractéolé ; spathe incomplète, ramifiée ; fleurs sessiles bractéolées. Calice cupulé, trifide. Corolle à trois pétales ; étamines sexuées, hypogyne filamenteuse, subulée ; anthères cordées-ovales. Ovaire distinct. Style trigone, stigmate capité. Baies subglobuleuses à albumen corné. Embryon dorsal. Stipe acaule ou médiocrement élevé, portant des frondes à base persistante, flabelliformes, multifides, laciniées ou bifides, à pétiole inerme dans la majeure partie des espèces.

Sabal Adansoni, *Gueens.*

Syn. — *Corypha minor, Jacq.* — *Rhapis acaulis, Willd.* — *Chamærops glabra, Mill.* — *Corypha pumila,*

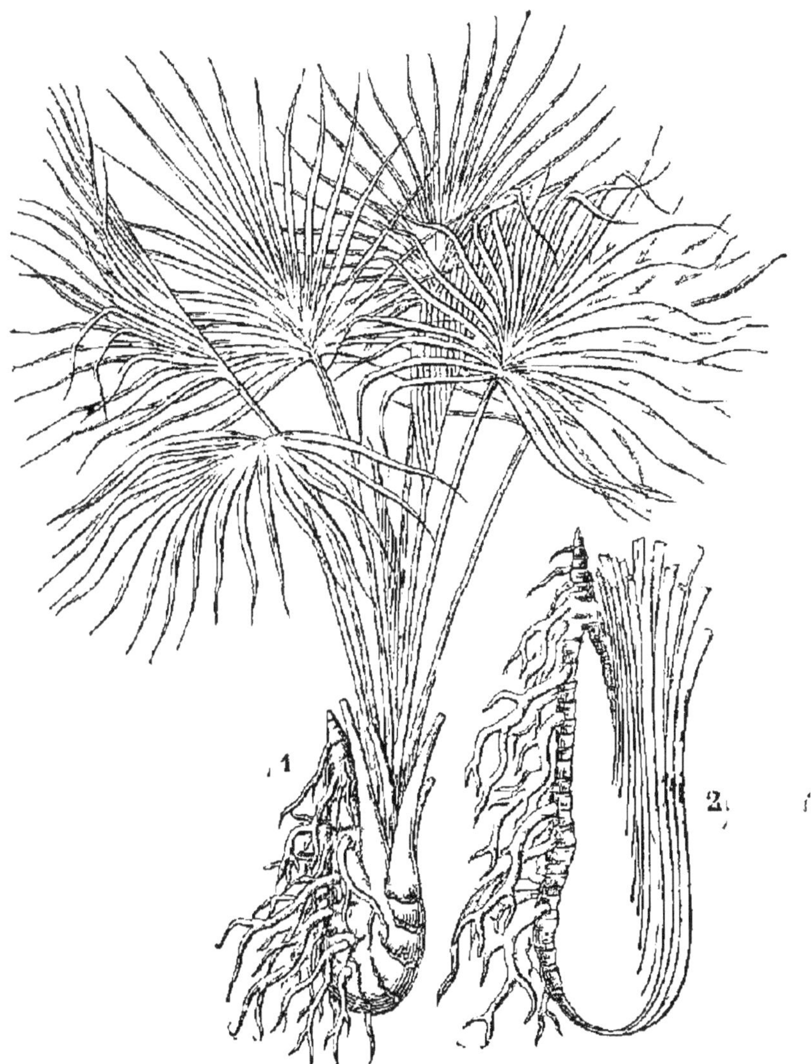

Fig. 45. — *Sabal Adansoni.* — 1. Port.—2. Coupe longitudinale de la base du même.

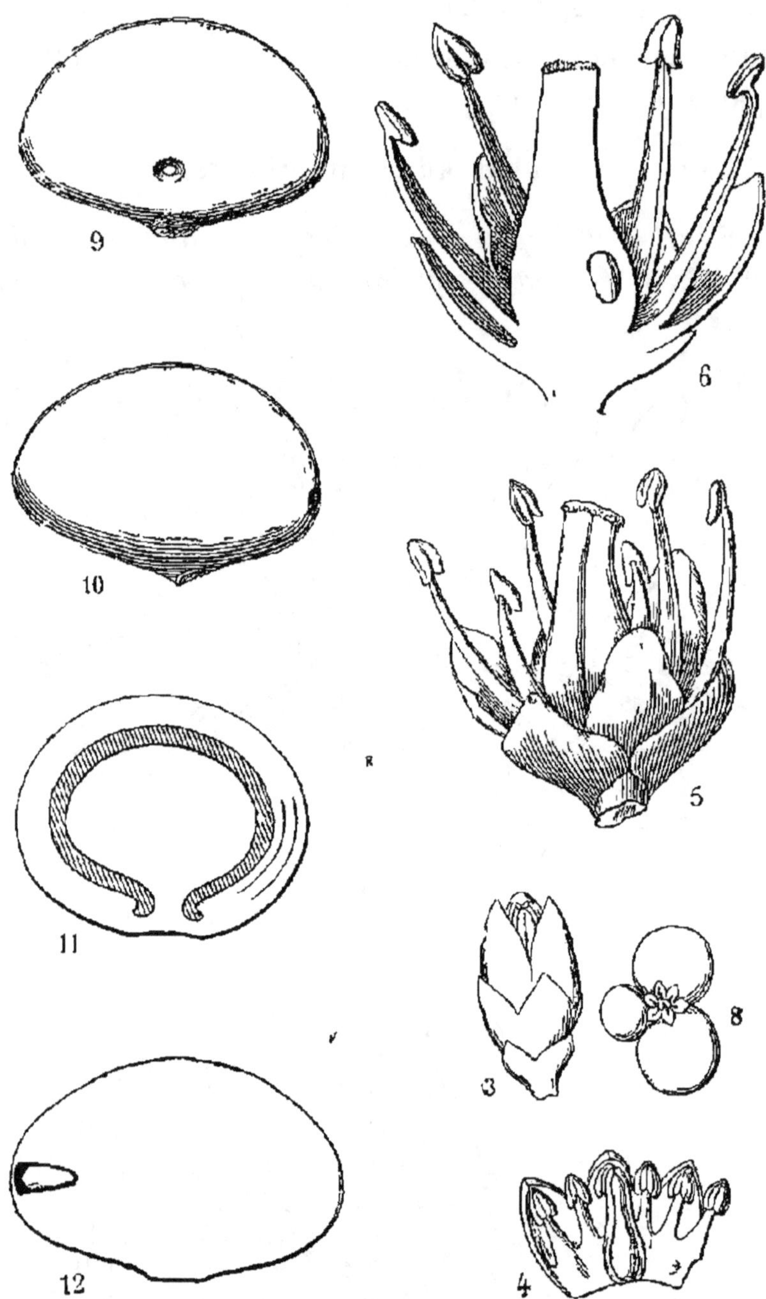

Fig. 46 — *Sabal Adansoni* — 3. Fleur mâle. — 4. Fleur mâle
la corolle fendue et etalée. — 5. Fleur femelle. — 6 Fleur femelle (coupe longitudinale). — 8 Fruit avec trois carpelles
inegalement accrus — 9-10. Graine isolee. — 11. Fruit et
graine (coupe longitudinale). — 12 Graine (coupe longitudinale).

Walt. — *Chamærops acaulis, Mich.* — *Sabal minor,*
Pers. — *Sabal minima, Nutt.*

Espèce acaule, formant une souche souterraine,
feuilles glaucescentes, larges de
1 mètre portées sur des pétioles
longs de 50 à 60 cent.

Cette belle et étrange plante
demande, comme toutes ses con-
génères, à être placée dans les
lieux les plus abrités, a cause du
vent qui replie ses feuilles très
fragiles et les rend affreuses à la
vue.

Très cultivée dans le Midi et
le littoral algérien, cette espèce
de l'Amérique (la Floride) rend
de réels services dans la décoration des jardins. Plantée isolément sur les pelouses, elle produit un fort bel effet.

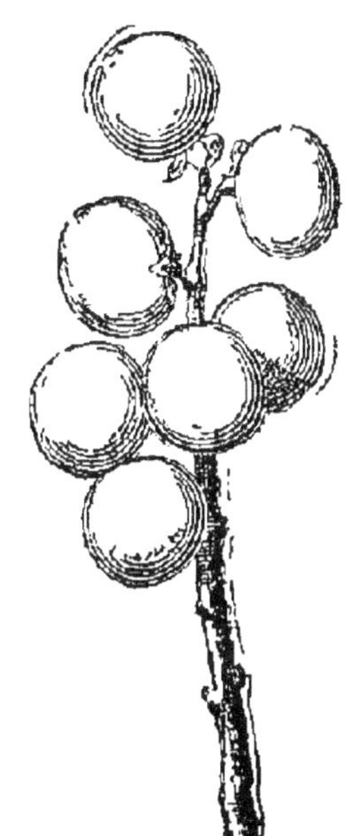

Fig. 47. — *Sabal
Adansoni.* Frag-
ment d'inflores-
cence avec fruits.

Cette plante donne beaucoup
de rejetons qui en font bientôt une forte touffe, si
on n'a soin de les arracher en temps utile.

S. Blackburniana, *Kirtl.*

Syn. — *S. umbraculifera, Mart.*

Stipe pouvant atteindre de 10 à 13 mètres de hauteur, érigé, cylindrique, d'un diamètre dépassant
30 à 35 centimètres. Pétioles au nombre de 20 à 30,
portant chacun une large feuille orbiculaire, mar-
ginée, ascendante, dépassant souvent 1 m. 50 de
diamètre.

Espèce très ornementale, originaire d'Haïti et de

Cuba, où elle est spontanée dans les plaines fraîches et riches en humus.

Demande beaucoup d'irrigations dans le jeune âge ; mais, dès que les racines sont bien établies, l'eau n'est plus nécessaire à cet élégant végétal ; il préfère les lieux abrités des grands vents. C'est une belle plante pour les appartements.

S. Mexicana, *Mart.*

Syn. — *S. umbraculifera, Hort.*

Stipe pouvant atteindre 6 à 7 mètres de hauteur, d'un diamètre dépassant 30 centimètres. Feuilles larges comme celles de *S. palmetto*, laciniées, glauques.

Croît au Mexique, dans la région maritime, ce qui indique qu'il est un peu plus délicat que l'espèce précédente.

Préfère les endroits abrités et demande de fortes irrigations, pour obtenir de lui toute sa splendeur.

Fructifie à Alger, mais n'y est pas multiplié.

S. palmetto, *Lodd.*

Syn. — *Chamærops palmetto, Mich.*

Espèce haute de 2 à 3 mètres, formant parfois de fortes touffes. Feuilles orbiculaires, larges de près d'un mètre, d'un beau vert glauque.

Originaire de la Floride et de la Caroline du Nord, ce palmier est un des plus rustiques que l'on connaisse. Il fleurit et fructifie abondamment, tous les ans, soit en Algérie, soit dans les autres parties du littoral méditerranéen. Il demande à être planté dans un lieu abrité des grands vents, car ses feuilles,

Fig. 48. — *Sabal umbraculifera.* — Inflorescence.

fragiles comme celles du *S. Adansoni*, se replient et ressemblent alors à des parapluies renverses, d'un effet très pittoresque mais des plus désagréables.

Il croît dans les sols humides ou secs, et pour peu qu'il soit bien fumé, il prend bientôt des proportions incroyables, pour la petitesse de l'espèce. Ce palmier est très multiplié partout où on le connaît, d'autant plus que ses graines germent d'elles-mêmes en tombant sur le sol.

S. umbraculifera, *Mart.*

Syn. — *Corypha umbraculifera, Jacq.* — *S. Black-burneana, Knkl.*

Stipe élancé, très gros, d'une grande élégance, haut

Fig 49 — *Sabal umbraculifera.*

de 8 à 10 mètres ; feuilles en éventail, d'un beau vert gai, larges de 2 mètres de diamètre, portées sur des pétioles épineux à la base, longs de plus de trois mètres.

Espèce répandue aux Antilles, Haïti, Cuba, spontanée sur les montagnes a 1000 et a 1500 mètres d'altitude.

Il résiste a une température assez basse, 0°, mais il est préférable de le planter dans les endroits les plus abrités.

Dans le midi de la France et en Algérie, ce superbe végétal est très repandu, quoique sa végétation soit assez lente; il forme un des plus beaux ornements des jardins. Chaque année, il produit de longs spadices, chargés de fruits noirs, de la grosseur d'une merise.

SEAFORTHIA, *R. Br.*

TRIBU DES ARECINÉES

Caractères botaniques. — Monoïque sur le même spadice. Spathe complète. Calice triphyllé, a folioles imbriquées, ou tripartite lacinié, non imbrique. Corolle a trois pétales. Etamines nombreuses, anthères linéaire. Pistil rudimentaire ou nul. ♀ calice et corolle triphylles, imbriques, convolutes Etamines rudimentaires ou nulles, rarement poudrées. Ovaire uniloculaire. Style très court ou nul. Stigmates au nombre de 3, sessiles, confluents. Ovule érige. Baie fibreuse-monosperme. Albumen cartilagineux, homogène. Embryon a la base.

Stipe très élevé ou médiocrement élevé, arundinacé, inerme, annelé. Frondes élégantes, cylindriques, pinnées. Pinnules linéaires-lancéolées, cunéiformes, dentées, confluentes.

Seaforthia elegans, *R. Brown.*

Syn. — *Ptychosperma elegans, Wendl.*

Stipe élancé, annelé, pouvant atteindre 10 mètres

et plus ; feuilles munies de larges gaines embrassantes, couvertes d'une substance brunâtre et poin-

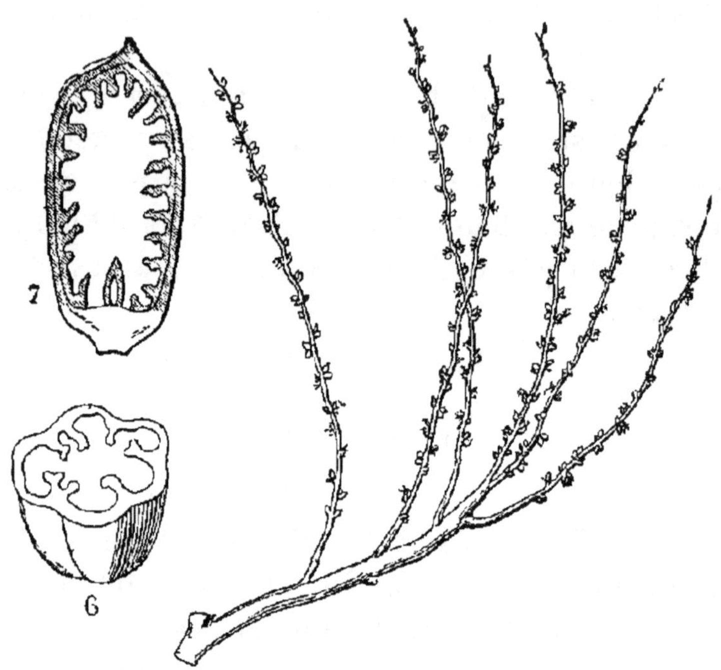

Fig. 50. — *Seaforthia elegans*. — 1 Fragment d'inflorescence mâle. — 6. Fruit (coupe transversale). — 7 Fruit (coupe longitudinale montrant la graine en place et l'albumen rumine).

tillée, longues de 4 à 5 mètres, gracieusement étalées et arquées composées de pinnules longues de 60 cent.

Cette espèce, originaire de la Nouvelle-Hollande, croît avec une rare vigueur dans les jardins du littoral ; elle fructifie abondamment à Alger, d'où on tire actuellement les graines qui servent à la multiplier.

N'est pas difficile sur le terrain, mais préfère ceux qui sont riches en humus et frais.

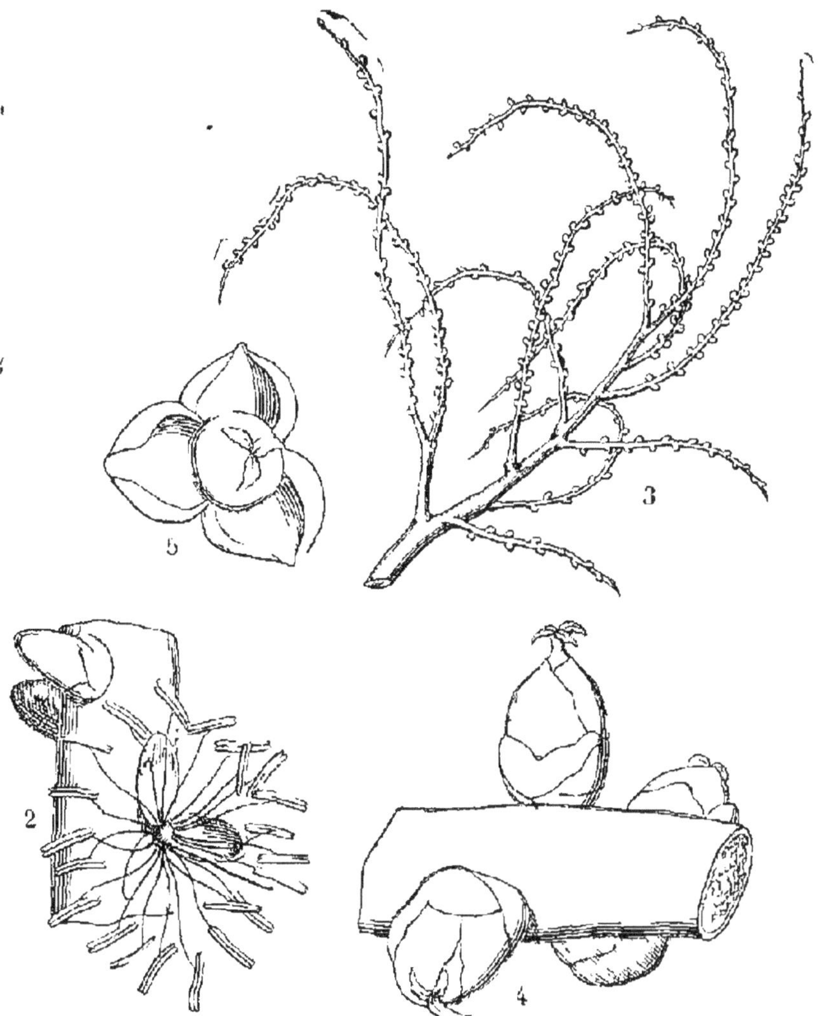

Fig. 54 — *Seaforthia elegans*   — 2. Fleurs mâles. — 3. Fragment d'inflorescence femelle. — 4. Fleurs femelles. — 5. Fleur femelle isolée.

WASHINGTONIA, *Wendl.*

TRIBU DES BORASSINÉES.

Caractères botaniques. — Monoïque sur le même spadice, qui naît à l'aisselle des feuilles; long de

4 mètres et plus; style filiforme dressé, sinueux.

Drupe oblongue ovoïde, petite, à péricarpe à peine charnu, à albumen corné. Embryon subbasilaire.

Stipe élevé, très gros, annelé, fibreux. Feuilles pédonculées, immenses, filamenteuses, flabelliformes, laciniées.

W. robusta, *Hort.*

Cette espèce, introduite en 1885 dans les cultures du littoral méditerranéen, sur les conseils du docteur

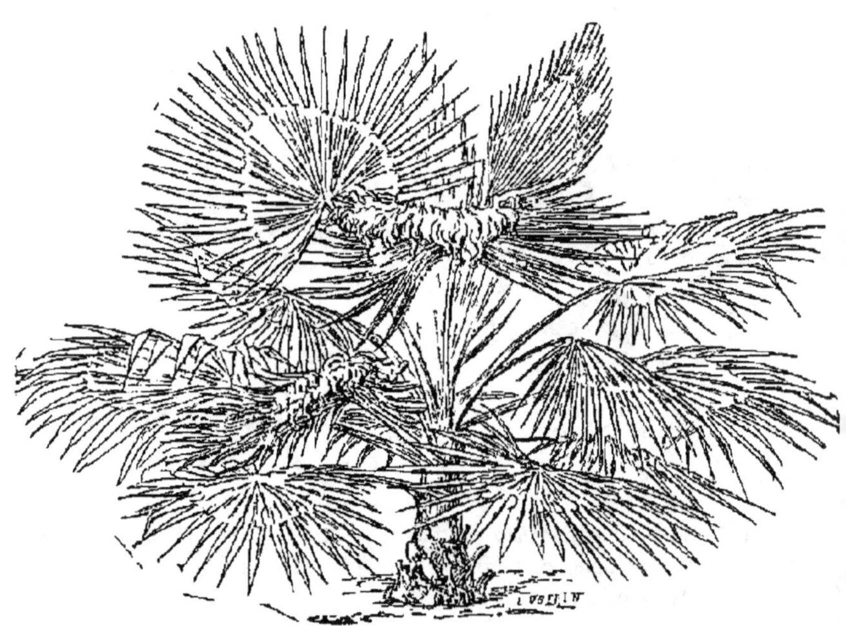

Fig. 52. — *Washingtonia robusta*. Port.

Wendland, y a largement prospéré. Quelques jardiniers la confondent avec le *Pritchardia filifera* ; à tort, car ce nouveau genre est bien plus beau et plus vigoureux que lui.

Le port du *Washingtonia* est plus robuste et plus

compact, ses feuilles plus grandes, plus distancées, d'un vert gai, à pétioles garnis d'épines fortes, recourbées en arrière ; la couleur des feuilles est d'une teinte plus foncée, violet noirâtre sur le dos de la gaine, plus ou moins prolongée sur le pétiole, et par le limbe également filamenteux, plus petit et plus rond. Sa hauteur est de 6 à 10 mètres selon les lieux.

Il croît sur les bords du fleuve Sacramento, en Californie, et surpasse en élégance, beauté et rusticité le *Pritchardia filifera*.

Les jardins du Midi sont largement pourvus de cette belle espèce ; mais il n'y a que depuis peu d'années qu'on la cultive en Algérie.

Le *Washingtonia robusta* est le palmier d'avenues de l'avenir.

LES PALMIERS RUSTIQUES

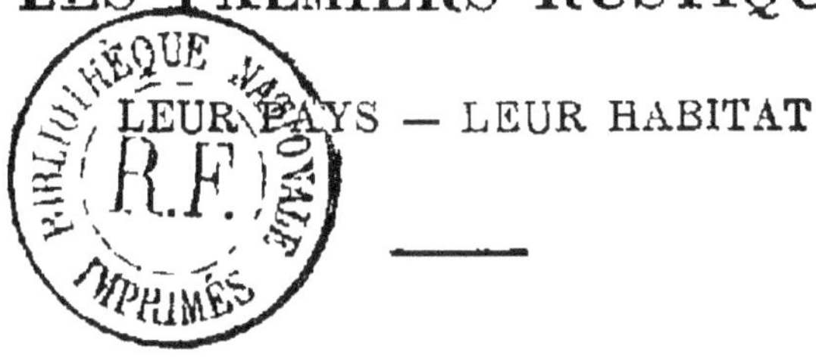

LEUR PAYS — LEUR HABITAT

Acrocomia sclerocarpa. — Brésil tropical, terrains secs.

Arera sapida. — Ile de Norfolk, Nouvelle-Zélande, dans les forêts.

Arenga saccharifera. — Archipel indien, 500 à 800 mètres d'altitude.

Borassus flabelliformis. — Iles de la Sonde, montagnes arides et sablonneuses.

Brahea calcarea. — Mexico, lieux montagneux et calcaires.

— *dulcis.* — Mexique, vallées tempérées et sèches.

— *Rœzlii.* — Californie, plaines calcaires.

Caryota Cumingii. — Indes tropicales, montagnes.

— *mitis.* — Cochinchine, plaines et forêts.

— *Rumphiana.* — Célèbes, lieux humides et abrités.

— *Sobolifera.* — Malaisie, montagnes.

Ceroxylon andicola. — Pérou, Andes mérid., 2500 et 3000 mètres d'altitude.

Chamædorea elegans. — Mexique, forêts de la plaine.

— *Ernesti-Augusti.* — Mexique, régions montagneuses.

— *elatior.* — Mexique, montagnes boisées.

Chamærops humilis. — Région méditerranéenne.

— *Cochinchinensis.* — Cochinchine, lieux secs et pierreux.

— *Fortunei.* — Chine, lieux secs, plaines.

— *excelsa.* — Chine, lieux secs et pierreux.

— *Martiana.* — Népaul, montagnes élevées.

— *Hystrix.* — Géorgie, plaines sèches.

— *Ritchiana.* — Afghanistan, plaines et montagnes arides.

— *serrulata.* — Floride, plaines sèches et arides.

Cocos australis. — Amérique méridionale, montagnes.

— *datil.* — République Argentine, montagnes élevées.

— *campestris.* — Brésil, montagnes élevées.

— *coronata.* — Brésil méridional, dans les plaines humides.

— *flexuosa.* — Brésil méridional, plaines sèches.

— *lapidea.* — Mexique et Brésil, lieux pierreux et arides.

— *plumosa.* — Brésil méridional à 600 mètres d'altitude.

— *Romanzoffiania.* — Ile Sainte-Catherine, région méridionale.

— *Weddeliana.* — Vénezuéla et Brésil, sols humides et ombragés.

— *Yatay.* — République Argentine, lieux humides et découverts.

Corypha australis. — Paraguay, montagnes et plaines.

— *gebanga.* — Java, dans les sols d'alluvions.

— *umbraculifera.* — Malabar, montagnes sèches.

Euterpe edulis. — Brésil, lieux ombragés et humides.

Euterpe oleracea. — Brésil méridional, même habitat que le précédent.

Hyphæne Natalensis. — Port-Natal, bords des rivières.

Jubæa spectabilis. — Chili, terrains chauds et secs.

Kentia Balmoreana. — Ile de Lord-Howe, terrains humides.

— *Canterburyana*. — Même patrie. Sols riches et frais.

— *Beccarii*. — Nouvelle-Guinée, à 1500 mètres d'altitude.

— *Minor*. — Australie, montagnes peu élevées.

— *Forsteriana*. — Australie méridionale, plaines.

— *Mooreana*. — Ile de Lord-Howe, montagnes.

— *Joanis*. — Même patrie, lieux frais dans les plaines.

— *Wendlandiana*. — Australie tropicale, sols frais et rochers.

Livistona Hoogendorpii. — Java, montagnes.

— *olivæformis*. — Java, montagnes

— *rotundifolia*. — Iles Célèbes, montagnes.

Latania Borbonica. — Ile Bourbon, montagnes.

Phœnix acaulis. — Indes Orient., dans les plaines élevées.

— *dactylifera*. — Orient, dans les lieux arides et irrigués.

— *farinifera*. — Indes Orient., terrains abrités.

— *Hanceana*. — Variété du P. Canariensis.

— *spinosa*. — Sénégal, sols argilo-calcaires.

— *pumila*. — Cap de Bonne-Espérance, lieux secs et arides.

— *Natalensis*. — Port-Natal, plaines sèches.

— *paludosa*. — Indes Orient., dans les lieux humides.

Phœnix pusilla. — Malabar, dans les plaines.

— *pedunculata*. Indes Orient., montagnes (2000 mètres d'altitude).

— *Canariensis*. — Iles Canaries, plaines.

— *rupicola*. — Hymalaya, sur les montagnes.

— *Siamensis*. — Archipel indien, plaines.

— *sylvestris*. — Indes Orient., plaines sèches et aussi celles qui sont humides.

— *Zeylanica*. — Ceylan, lieux secs et montagneux.

Pritchardia filifera. — Californie, plaines.

— *Vuylstekeana*. — Océanie, région méridionale.

Rhapis flabelliformis. — Chine, plaines.

— *Sirotsik*. — Japon, plaines humides.

— *major*. — Japon, plaines humides et riches en humus.

Sabal Adansoni. — Floride, lieux frais et abrités.

— *Blackburniana*. — Cuba, dans les plaines.

— *Mexicana*. — Mexique, région maritime.

— *palmetto*. — Floride, dans les plaines.

— *umbraculifera*. — Antilles, à 1000 mètres d'altitude.

Seaforthia elegans. — Nouvelle-Hollande, plaines et montagnes.

Washingtonia robusta. — Californie, bords des rivières

TABLE DES MATIÈRES

PARIS. — IMPRIMERIE LEVÉ, RUE CASSETTE, 17.